中华复兴之光
美好民风习俗

天下闻名美食

梁新宇 主编

汕头大学出版社

图书在版编目（CIP）数据

天下闻名美食 / 梁新宇主编. -- 汕头：汕头大学出版社，2017.1（2020.6重印）

（美好民风习俗）

ISBN 978-7-5658-2826-3

Ⅰ．①天… Ⅱ．①梁… Ⅲ．①饮食－文化－中国 Ⅳ．①TS971.202

中国版本图书馆CIP数据核字(2016)第293458号

天下闻名美食　　TIANXIA WENMING MEISHI

主　　编：	梁新宇
责任编辑：	邹　峰
责任技编：	黄东生
封面设计：	大华文苑
出版发行：	汕头大学出版社
	广东省汕头市大学路243号汕头大学校园内　邮政编码：515063
电　　话：	0754-82904613
印　　刷：	北京中振源印务有限公司
开　　本：	690mm×960mm　1/16
印　　张：	8
字　　数：	98千字
版　　次：	2017年1月第1版
印　　次：	2020年6月第3次印刷
定　　价：	32.00元

ISBN 978-7-5658-2826-3

版权所有，翻版必究
如发现印装质量问题，请与承印厂联系退换

前言

党的十八大报告指出:"把生态文明建设放在突出地位,融入经济建设、政治建设、文化建设、社会建设各方面和全过程,努力建设美丽中国,实现中华民族永续发展。"

可见,美丽中国,是环境之美、时代之美、生活之美、社会之美、百姓之美的总和。生态文明与美丽中国紧密相连,建设美丽中国,其核心就是要按照生态文明要求,通过生态、经济、政治、文化以及社会建设,实现生态良好、经济繁荣、政治和谐以及人民幸福。

悠久的中华文明历史,从来就蕴含着深刻的发展智慧,其中一个重要特征就是强调人与自然的和谐统一,就是把我们人类看作自然世界的和谐组成部分。在新的时期,我们提出尊重自然、顺应自然、保护自然,这是对中华文明的大力弘扬,我们要用勤劳智慧的双手建设美丽中国,实现我们民族永续发展的中国梦想。

因此,美丽中国不仅表现在江山如此多娇方面,更表现在丰富的大美文化内涵方面。中华大地孕育了中华文化,中华文化是中华大地之魂,二者完美地结合,铸就了真正的美丽中国。中华文化源远流长,滚滚黄河、滔滔长江,是最直接的源头。这两大文化浪涛经过千百年冲刷洗礼和不断交流、融合以及沉淀,最终形成了求同存异、兼收并蓄的最辉煌最灿烂的中华文明。

五千年来，薪火相传，一脉相承，伟大的中华文化是世界上唯一绵延不绝而从没中断的古老文化，并始终充满了生机与活力，其根本的原因在于具有强大的包容性和广博性，并充分展现了顽强的生命力和神奇的文化奇观。中华文化的力量，已经深深熔铸到我们的生命力、创造力和凝聚力中，是我们民族的基因。中华民族的精神，也已深深植根于绵延数千年的优秀文化传统之中，是我们的根和魂。

中国文化博大精深，是中华各族人民五千年来创造、传承下来的物质文明和精神文明的总和，其内容包罗万象，浩若星汉，具有很强文化纵深，蕴含丰富宝藏。传承和弘扬优秀民族文化传统，保护民族文化遗产，建设更加优秀的新的中华文化，这是建设美丽中国的根本。

总之，要建设美丽的中国，实现中华文化伟大复兴，首先要站在传统文化前沿，薪火相传，一脉相承，宏扬和发展五千年来优秀的、光明的、先进的、科学的、文明的和自豪的文化，融合古今中外一切文化精华，构建具有中国特色的现代民族文化，向世界和未来展示中华民族的文化力量、文化价值与文化风采，让美丽中国更加辉煌出彩。

为此，在有关部门和专家指导下，我们收集整理了大量古今资料和最新研究成果，特别编撰了本套大型丛书。主要包括万里锦绣河山、悠久文明历史、独特地域风采、深厚建筑古蕴、名胜古迹奇观、珍贵物宝天华、博大精深汉语、千秋辉煌美术、绝美歌舞戏剧、淳朴民风习俗等，充分显示了美丽中国的中华民族厚重文化底蕴和强大民族凝聚力，具有极强系统性、广博性和规模性。

本套丛书唯美展现，美不胜收，语言通俗，图文并茂，形象直观，古风古雅，具有很强可读性、欣赏性和知识性，能够让广大读者全面感受到美丽中国丰富内涵的方方面面，能够增强民族自尊心和文化自豪感，并能很好继承和弘扬中华文化，创造未来中国特色的先进民族文化，引领中华民族走向伟大复兴，实现建设美丽中国的伟大梦想。

目 录

食物初成

上古时期饮食文化的萌芽　002

文明标志的商周时期饮食　009

风味多样的春秋战国时期　024

菜品丰富

饮食极为丰富的秦汉时期　034

魏晋时期的美食家与食俗　051

注重养生

062　兼收并蓄的唐代饮食风俗

078　雅俗共赏的宋代饮食文化

097　注重文雅养生的明代饮食

107　集历代之大成的清代饮食

食物初成

  我国饮食文化历史悠久,博大精深。它经历了几千年的历史发展,已成为中华民族的优秀文化遗产。

  在遥远的远古时代,随着燧人氏发明了"钻木取火",人类正式进入了石烹熟食的时代。黄帝发明蒸锅以后,食物又正式进入了速熟时期。经过夏商周近两千年的发展,中国传统饮食文化基本形成。

  之后,进入到春秋战国时期,各个民族的互相融合,在饮食文化上又逐渐形成了南北两大风味。

上古时期饮食文化的萌芽

在原始社会时期，我们祖先只能将猎取的动物和摘取的植物生食。当时，人们依靠狩猎为生，间或会捕捉到一些小动物，他们很自然地会先食用那些已死的猎物，活着的动物则暂时存放几日，偶尔可能还会给它喂点草料。

动物畜养就这样不知不觉地开始了，一些野生动物经过长期驯化繁育，逐渐演化为家畜。人们起初饲养最普遍的家畜是猪。

传说，有一个叫火帝的少年在大人们出去打猎时，在家中饲养"猪仔"。一日，火帝在自娱自乐中用两块石头碰

撞，结果迸出刺眼火花，一下把猪圈的柴草点着了。

　　过了好长时间，大火才熄灭，猪仔也被烧死了，但被烧烤过的猪仔散发出诱人的芳香，令火帝垂涎不已。火帝的父母回来后，也挡不住诱惑，一起将烤猪仔肉吃掉了，从此以后，在华夏民族繁衍生息的地方开启了熟食的先例。

　　后来，由于人口不断增加，猎取的食物已不足以维持人们的生活了。神农氏为了解决人们的饥饿问题，走遍华夏大地，亲尝百草，辨别出了五谷和草药。他还发明了农具，教人们根据天时地利进行种植，使五谷成为人们的主要食物，从此，收成相对稳定的农作物，保障了人们的生活。

　　当时，在黄河流域广大干旱地区，尤其是在黄土高原地带，气候干燥，适宜旱作，占首要地位的粮食作物是粟，俗称小米。小米在新石器时代就已经是人们的食物了，在稍晚的仰韶文化、大汶口文化及龙山文化遗址中也均发现有谷物种子。

　　而在华南地区，由于气候温暖湿润，雨量充沛，河湖密布，水稻

是大面积种植的农作物。

华北粟类旱地农业和华南稻类水田农业，这个格局从那时起就影响到了我国南北饮食传统的形成。主食的差异，不仅带来了文化上的差异，甚至对人的体质发育也产生了深远影响。

后来产生了石烹，这是饮食文化的一大飞跃。石烹是最初、最简单不过的熟食。当时既无炉灶，也还不知锅碗为何物，陶器尚未发明，人们还是两手空空。人们将谷物和肉放在石板上，在石板下点燃柴火，把食物烤熟再吃。我国古代称之为石烹。

传说大约在六七千年前，由于山上的猎物和野果已满足不了人们的生活需要，他们便慢慢地走出了山。

崤山山脉韶山峰下，有一片富饶美丽的好地方。有个叫陶的族长，带领族人来到了此地。在漫长的辛勤劳动中，他们发明了不少劳动工具，陶把这些经验积累起来，磨出了各种各样的石器：石斧、石锥、石凿、石碗等。

由于物产不断地丰富和积累，这样就需要储存粮食、干肉和果品了，于是他们用土和泥制成各种各样储物器，在太阳下晒干使用，这种泥器成为他们当时较为广泛使用的生活用品之一。

一天黄昏，狂风大作，天昏地暗。原来还没来得及熄灭的烤肉火堆被风吹散开来，燃着了杂草、树木、庄稼和茅蓬，一会儿就成了一片火海。大火过后，树上的果子没了，只留下枯干残枝；田野的庄稼没了，只留下片片灰烬。

在不幸的遭遇中，陶却发现了一个奇迹：那些晒制的泥制储器，比原来坚硬得多，敲起来清脆悦耳，尤其是放在洞穴里的效果更好。于是，他就带领族人掘洞建窑试烧这种坚硬的储物器。

陶死后，大家推举他的儿子缶为首领。为了怀念陶的功绩，大家把这种储物器叫陶器。有了陶器，人们可以将它直接放在火中炊煮，这为从半熟食时代进入完全的熟食时代奠定了基础。

最早用于饮食的陶器都可以称为釜，这是一种底部支起的有足陶器，以便于烧火加热，传说是黄帝始造。陶釜的发明具有重要意义，后来的釜不论在造型和质料上产生过多少变化，它们煮食的原理却没有改变。更重要的是，许多其他类型的炊器几乎都是在釜的基础上发展改进而成。

例如甑便是如此。甑的发明，使得人们的饮食生活又产生了重大变化。釜熟是指直接利用火，谓之煮；而甑烹则是指利用火烧水产生的蒸汽，谓之蒸。有了甑蒸作为烹饪手段后，人们至少可以获得超出煮食一倍的馔品。

蒸法是东方区别于西方饮食文化的一种重要烹饪方法，这种传统已有5000年的历史。这时，我国饮食从烹饪方式而言，也因为食物类别不同、炊具不同，而显示地域差异。

在黄河中下游地区，7000年前原始的陶鼎便已广为流行，几个最早的部落都用鼎为饮食器具，从鼎的制法到造型都有惊人的相似之处，都是在容器下附有三足。其中，陶鼎大一些的可做炊具，小一些的可做食具。

鼎在长江流域较早见于下游的马家浜文化与河姆渡文化。中游的大溪文化和屈家岭文化则盛行用鼎。河姆渡和大溪文化虽不多见鼎，却发现许多像鼎足一样的陶支座，可以将陶釜支立起来，与鼎的功效接近。

与鼎大约同时使用的炊具还有陶炉,在我国南北地区均有发现,以北方仰韶和龙山文化所见为多。仰韶文化的陶炉矮小,龙山文化的陶炉为高筒形,陶釜直接支在炉口上,类似的陶炉在商代还在使用。南方河姆渡文化陶炉为舟形,没有明确的火门和烟孔,为敞口形式。

新石器时代晚期,中原及邻近地区居民还广泛使用陶鬲和陶甗作为炊煮器。这两种器物都有肥大的袋状三足,受热面积比鼎大得多,是两种改进的炊具,它们的使用贯穿整个铜器时代,普及到一些边远地区。此外还出现了一些艺术色彩浓郁的实用器皿,有些将外形塑成动物的象形,表现了人们对精神生活的追求。

就在这一时期,在山东半岛南岸一带,住着一个原始的部落,部落里有个人名叫夙沙,他聪明能干,膂力过人,善使一张用绳子结的网,每次下海,都能捕获很多的鱼鳖。

有一天,夙沙在海边煮鱼吃,他和往常一样提着陶罐从海里打半

罐水回来,刚放在火上煮,突然一头大野猪从眼前飞奔而过,夙沙见了岂能放过,拔腿就追,等他扛着死猪回来,罐里的水已经熬干了,缶底留下了一层白白的细末。他用手指沾点放到嘴里尝尝,味道又咸又鲜。

于是,夙沙用它就着烤熟的野猪肉吃起来,味道好极了。他把从海水中熬出来的白白的细末叫作盐,并且把制盐方法和盐的好处告诉了整个部落的人们。

知识点滴

在我国古代传说中,关于食盐的由来还有一个比较离奇的故事。蚩尤曾与黄帝激战于涿鹿之野,被黄帝追而斩之,血流满地,变而为盐,因蚩尤罪孽深重,故百姓食其血,这就是我国古代曾把"盐"说成是"蚩尤之血"的由来。

火和盐是饮食文化中两个重大的元素,有了火,人们才有了熟食;而有了盐,饮食才变得更有滋味,也使食物营养更丰富。盐被称为"食肴之将""食之急者""国之大宝",所以自古以来,都十分重视盐的生产。

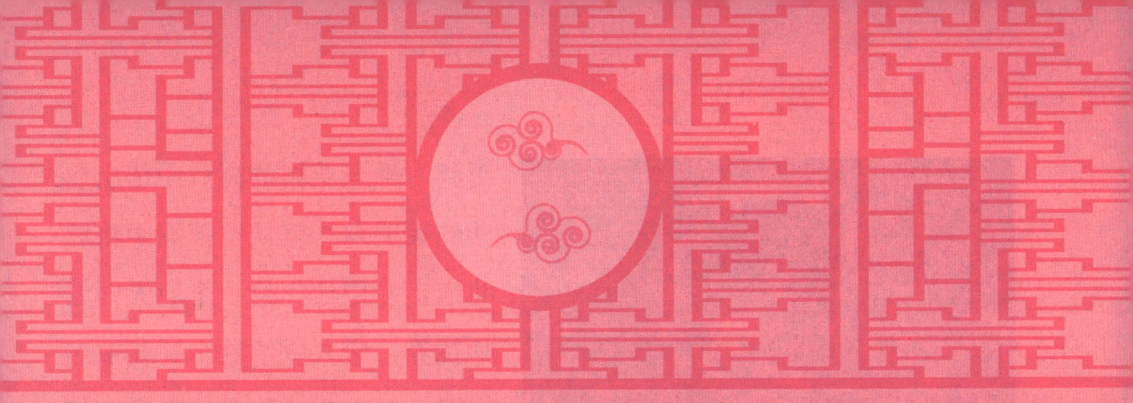

文明标志的商周时期饮食

到了商代，人们在饮食、烹饪方面的有了一定的规律，食品种类和烹饪方法都呈现出多样性；人们同时对食品保健功能和烹饪的色香味提出了更高要求。

此时，出现了一位伟大的厨师伊尹，后来又从厨师一跃成为我国商代的第一位宰相，更为这位厨师增添了传奇色彩。

原来，在商王朝首都朝歌附近，有一个名叫"空桑"的小村庄。空桑村原来叫莘口村，夏朝时期归属有莘部落。有莘部落女子在村头采桑时，

听到一棵老桑树的树洞中传出婴儿的啼哭声,就从空桑洞中将婴儿抱走并把他交给一个庖人即厨师抚养,庖人就给这个婴儿取名伊尹。后人为了纪念这件事,便将莘口村改为空桑村了。

后来,庖人教伊尹厨艺,伊尹经过刻苦学习,厨艺逐渐远近闻名。商汤听到伊尹的厨艺高超的名声,就三次派人向有莘氏求婚,这使得这个小邦之君十分高兴,不仅心甘情愿地把女儿嫁给了商汤,而且还答应让伊尹做了随嫁的媵臣,使商汤达到了目的。

商汤郑重其事地为伊尹在宗庙里举行了除灾去邪的仪式:在桔槔上点起火炬,在伊尹身上涂抹猪血。

伊尹刚到商汤宫里的时候,仍做厨师。由于他通五味调和之道理,烹饪技术十分高超。有一次,伊尹用天鹅精心制作了一道"鹄羹",商汤品尝后非常高兴,便决定向他询问烹饪之术。

到了第二天,商汤正式召见伊尹,伊尹开口就从饮食滋味说起。他说只有掌握了娴熟的技巧,才能使菜肴达到久而不败,熟而不烂,甜而不过,酸而不烈,咸而不涩苦,辛而不刺激,淡而不寡味,肥而不腻口……他向商汤仔细介绍了自己的烹调理论,商汤十分赞赏。

在伊尹的说辞中不仅列举了四面八方的饮食特产,更重要的是"三材五味"论,道出了我国商汤早期烹饪所达到的水平。伊尹通过在商汤身边的耳濡目染,听君臣讨论国家大事,总结出治理国家和烹饪的道理大有相同之处。

伊尹以烹饪之道讲述治国之理,他提出治理国家也和做菜一样,既不能太急,也不能松弛懈怠,只有恰到好处才能把事情做好。

伊尹认为:"凡当政的人,要像厨师调味一样,懂得如何调好甜、酸、苦、辣、咸五味。首先得弄清各人不同的口味,才能满足他们的嗜好。作为一个国君,自然须得体察平民的疾苦,洞悉百姓的心愿,这样才能满足他们的要求。"

伊尹强调说:"美味好比仁义之道,国君首先要知道仁义即天下的大道,有仁义便可顺天命成为天子。天子行仁义之道以化天下,太平盛世自然就会出现了。"

伊尹的这一通宏篇大论,不仅说得商汤馋涎欲滴,而且使得这位开明之君的思想发生了重大的改变。他很受启发,从此以后,伊尹经常以烹调作为引子,分析天下大势,讲述

治国平天下的道理。自从听到了伊尹的高论,更坚定了商汤攻伐夏桀推翻夏王朝的决心。

商汤多次与伊尹交谈,发现他不仅是一位烹饪高手,而且还具有治国安邦之才,于是决定任命他为宰相。伊尹主持政务,辅佐商汤发展农耕,铸造兵器,训练军队,使商部落更加强大。伊尹看到夏朝气数已尽,就用"割烹"作比喻,向商汤建议"讨伐夏桀、拯救人民",最后辅佐商汤推翻了残暴的夏朝。

伊尹是中华饮食文化的鼻祖,被尊为"烹饪之圣"。而且他辅佐商汤灭掉了夏朝,成为我国有史料明确记载的第一位宰相,被称为"华夏第一相"。因为他出生在莘地,长大后当了官,戴上了官帽,成为了商朝的宰相,所以"宰"字就是"莘"字上面去草加官帽。据说宰相的"宰"字就是由此而来。

到了西周,统治者接受商王朝倾覆的教训,严禁饮酒。我国战国时期的最早的史书《尚书·酒诰》记载了周公对酒祸的具体阐述。他说上天造了酒,并不是给人享受的,而是为了祭祀。周公还指出,商代从成汤到帝乙20多代帝王,都不敢纵酒而勤于政务,而继承者纣王却不是这样,整天狂饮不止,尽情作乐,致使臣民怨恨,"天降丧于殷",使老天也有了灭商的意思。

周公因此制定了严厉的禁酒措施,规定周人不得"群饮""纵酒",违者处死。包括对贵族阶层,也要强制戒酒。

禁酒的结果反而造成了列鼎而食。酒器派不上用场了,所以西周时的酒器远不如商代那么多,而食器有逐渐增加的趋势。当时的食器有簋和鼎等。这些鼎的形状、纹饰以至铭文都根据贵族的等级而定,有时仅有大小的不同,容量依次递减。这就是"列鼎而食"。

列鼎数目的多少,是周代贵族等级的象征。用鼎有着一整套的严格的制度。据《仪礼》和《礼记》的记载,大致可分别为一鼎、三鼎、五鼎、七鼎、九鼎等。

与鼎相配的是簋,形似碗而大,有盖和双耳。西周的铜簋下面带有一个中空的方座或三足,那是用于燃炭火温食的。用簋的多少,一般与列鼎相配合,如五鼎配四簋,七鼎配六簋,九鼎配八簋。九鼎八簋,即为天子之食,算是最高的规格。

周代天子的饮食分

饭、饮、膳、馐、珍、酱六大类，其他贵族则依等级递减。据后世编撰的《周礼·天官·膳夫》记载，王之食用稻、黍、稷、粱、麦、苽六谷，膳用马、牛、羊、豕、犬、鸡六牲，馐共百二十品，珍用八物，酱则百二十瓮。

这些大多指的是原料，烹调后所得馔品名目更多。战国末年或秦汉之际儒家著作《礼记·内则》所列天子和贵族们的饮食中，有饭8种、膳20种、饮6种、酒两种、馐两种。

天子之馐多至百二十品，不可枚举。还有"庶羞"，枣、栗、榛、柿、瓜、桃、李、梅、杏、楂、梨、姜、桂等瓜果。

在这种情况下，产生了我国最早的用独特方法制作的风味馔品，称为"八珍"。八珍是在我国周代时期精心烹制的8种食品，其烹调方法完整地保存在《礼记·内则》中，是古代典籍中所能查找到的最古老的一份菜谱。

八珍可以看作是周代烹饪发展水平的代表作，无论在选料、加工、调味和火候的掌握上，都有一定的章法，形成了一套固定的模式，奠定了中华民族饮食烹饪传统的基础，后世所食用的诸多馔品都是在八珍的基础上发展而来的。

在西周时，王室已总结出一些饮食经验：面对丰盛饮食，不能胡乱吃喝一通。并制定了一些主食与副食的配伍法则。宫廷内专设"食医"中士二人，主管此事，他们负责时常提醒天子。配餐原理，非医道而不可谙，有食医把关，天子自可放心地去吃了。

食有所宜，亦有所忌，周代时已有了许多经验之谈，《礼记·内则》说："凡食齐视春时，羹齐视夏时，酱齐视秋时，饮齐视冬时。"讲的是饭要温时食用，以春天来作比方，肉羹则要趁热吃；热如炎夏时，酱类则要吃凉的；凉如秋风饮料又要冷饮为宜。

不仅如此，周代对于烹饪所用的作料，也规定了一些配伍法则，表明当时的饮食生活已建立在相对科学的基础上，这些是宫廷厨师们不断探索的结果。

例如做脍，规定作料"春用葱，秋用芥"；而烹豚，则"春用韭，秋用蓼"。烹调牛羊豕三牲要用兹，以散肉毒，调味用醯。如是野兽类，则取梅调味。又如烹雉，只用香草而不用蓼。

早在商代之时，调味品主要是盐、梅，取咸、酸主味，正如《尚书·说命》所言"若作和羹，尔惟盐梅"。到周代之时，调味固然也少不了用盐梅，而更多的是用酱，这种酱便是可以直接食用的醢醯。

周天子不仅馐有百二十品，酱亦有百二十瓮。百二十瓮酱中包括醯物六十瓮、醢物六十

瓮，实际是分指"五齑、七醢、七菹、三臡"等。其中三臡为鹿臡、麋臡、麕臡，均为野味。臡为带骨的肉块，有骨为臡，无骨为醢，二者烹法相同，均用于肉渍麹和酒腌百日而成。

《礼记·曲礼》说"献孰食者操酱齐"，孰食即熟肉，酱齐指酱齑。吃什么肉，便用什么酱，有经验的吃客，只要看到侍者端上来的是什么酱，便会知道能吃到哪些珍味了。

每种肴馔几乎都要专用的酱品配餐，这是周代贵族们创下的前所未有的饮食制度。孔子的名言"不得其酱不食"，正是这种配餐原则最好的体现。

酱的制作离不了盐，东汉泰山太守应劭所著《风俗通义》说"酱成于盐而咸于盐"。最初是煮海造盐，后来还有池盐、井盐、末盐、崖盐等。盐大都出自人力，也有纯为天然者，在一些河水中、大漠下，都有天然盐块可取用。

《礼记·礼运》说："夫礼之初，始诸饮食。"礼仪产生于饮食活动，饮食之礼是一切礼仪的基础。至迟在周代，饮食礼仪形成了一套相当完整的制度。饮食内容的丰富，居室、餐具等饮食环境的改善，促使高层次的饮食礼仪产生了，与礼仪相关联的一些习惯也逐渐形成。

周代的饮食礼仪，经过儒家后来的精心整理，比较完整地保存在《周礼》《仪礼》和《仪记》中，主要包括客食之礼、待客之礼、侍食之礼、丧食之礼、进食之礼、侑食之礼、宴饮之礼等。

如果作为客人，首先，赴宴时入座的位置就很有讲究，要求"虚坐尽后，食坐尽前"。

古时席地而坐，要坐得比尊者长者靠后一些，以示谦恭；而饮食时则要尽量坐得靠前一些，靠近摆放馔品的食案，以免食物掉在坐席上。

宴饮开始，馔品端上来时，客人要起立。在有贵客到来时，客人都要起立，以示恭敬。如果来宾地位低于主人，必须端起食物面向主人道谢，等主人寒暄完毕之后，客人才可入席落座。

在享用主人准备的美味佳肴时，客人不可随便取用。须得"三饭"之后，主人才指点肉食让客人享用，还要告知客人所食肉食的名称，细细品味。所谓"三饭"，指一般的客人吃三小碗饭后便说吃饱了，须主人再劝而食肉。宴饮将近结束，主人不能先吃完饭而撇下客人，要等客人食毕才停止进食。

及至仆从摆放宴席，也有很多具体的礼节和要求。仆从安排筵

席,对于馔品的摆放有严格的规定,例如带骨的肉要放在净肉的左方,饭食要放在客人左边,肉羹则放在右边。脍炙等肉食放在外边,醯酱调味品则放在靠人近些的地方。酒浆也要放在近旁,葱末之类可放远一点。如有肉脯之类,还要注意摆放的方向。

仆从摆放酒尊酒壶等酒器,要将壶嘴面向贵客。端出菜肴时,不能面对客人和菜盘子大口喘气。仆从回答客人问话时,必须将脸侧向一边,避免呼气和唾沫溅到盘中或客人脸上。

如果上的菜是整尾的烧鱼,一定要将鱼尾指向客人,因为鲜鱼肉从尾部易与骨刺剥离。干鱼则正好相反,上菜时要将鱼头对着客人,干鱼从头部更易于剥离。冬天的鱼腹部肥美,摆放时鱼腹向右,便于取食。夏天的鱼鳍部较肥,所以将背部朝右。

陪长者饮酒时,酌酒时须起立,离开座席面向长者拜而受之。如果长者一杯酒没饮尽,少者不得先饮尽。长者如有酒食赐予少者和僮仆等低贱者，他们不必辞谢，以示尊敬。

侍食年长位尊的人，少者还得先吃几口饭，谓之"尝饭"。虽先尝食，却又不能自个儿先吃饱肚子，必得等尊长吃饱后才能放下碗筷。少者吃饭时还得小口小口地吃，而且要快些咽下去，准备随时能回复长者的问话，谨防有喷饭的事发生。

凡是熟食制品，侍食者都得先尝尝。如果是水果之类，则必让尊者先食，少者不能抢先。古来重生食，尊者若赐给你水果，吃完这果子，剩下的果核不能扔下，须"怀而归之"，否则便是极不尊重的了。如果尊者将没吃完的食物赐给你，若是盛食物的器皿不易洗涤干净，得先倒在自己用的餐具中才可食用。

丧食之礼是国丧时的饮食之礼。如果是亲人死去，家里3日不做饭，而由邻里乡亲送些粥来给家属吃。如果是君王去世，王子、大

夫、公子、众士3日不吃饭,但以食粥服丧。大夫死了,家臣、室老、子姓都是只能吃粥。

鲁悼公死后,季昭子问孟敬子道:"为君王服丧,该吃什么?"

敬子说:"那当然是吃粥,吃粥为天下之大礼。"

贵族们在进食时,往往讲究宴饮之礼,有庞大乐队奏乐,以乐侑食,口尝美味,耳听妙乐。地位越高,乐队的规模也就越大。

这类"饮食进行曲"令人陶醉,使整个宴饮过程变得庄重而有韵律,在音乐所造就的艺术氛围中,不会出现狂呼滥醉的不和谐场面。

击鼓撞钟、以乐侑食的"钟鸣鼎食"场景在战国铜器上有生动的刻画,大约也能反映出西周时的一般情形,仅以图像观之,已是十分壮观了。

如果年景不好，遭逢饥荒，则要变食止乐。《礼记·玉藻》说："年不顺成，则天子素服，乘素车，食无乐。"

吃饭时不仅免了奏乐，而且不食鱼肉，须"稷食菜羹"，自戒自贬。或国有灾难，大臣伤亡，均按此例。逢外寇入侵，以至斩决罪犯的事，国君都不可一面欣赏歌舞，一面大吃大喝。

周代礼仪之谨严，在宴饮活动中表现得最为充分。在《仪礼》的各篇中，对相关的饮食礼仪，有着严格的规范。

如"乡饮酒"之礼，乡学三年大比，按学生德行选其贤能者，向国家推荐，正月推荐学生之时，乡里大夫以主人身份，与中选者以礼饮酒而后荐之。整个乡饮酒程序，大约分27个步骤：

首先，乡大夫请乡学先生按学生德能分为宾、介、众宾3等，宾为最优。大夫主持大礼，告戒宾、介互行拜答之礼。

接着是陈设，为主人及宾、介铺垫座席，众宾之席铺的位置略远一些，以示德行有所区别。在房前摆上两大壶酒，还有肉羹等。摆设完毕，主人引宾、介入席，入席过程中，宾主不时揖拜。

饮酒开始，主人拿起酒杯，亲自在水里盥洗一过，将杯子献给宾，宾拜谢。主人接着为宾斟酒，宾又拜。酒肉之先，照例要祭食。

席上设俎案，放上肉食，宾左手执爵杯，右手执脯醢，祭酒肉，然后尝酒，拜谢主人。席间有乐工4人，二人鼓瑟，二人歌唱，另有乐师一人担任指挥。所歌为我国最早的一部诗歌总集《诗经·小雅》之《鹿鸣》《四牡》《皇皇者华》。《鹿鸣》为君臣同燕、讲道修身之歌，《四牡》为国君慰劳使君之歌，《皇皇者华》为国君遣使者之歌。

末了，主人请撤去俎案。宾主饮酒前都曾脱了鞋子上堂，现在要

去把鞋子穿上，又是互相揖让，升坐如初。燕坐时，主人命进馐馔如狗肉之类，以示敬贤尽爱之意。最后，宾、介等起身告辞，乐工奏乐，主人送宾于门外，拜别。

又如"大射"之礼，将饮食活动引进到娱乐游戏之中，增添了几多活泼的气氛。诸侯王在将举行一次祭祀之前，要与臣属一起射矢观礼。射靶及格者方得与诸侯同祭，否则就没有同祭的

资格。这本是极简单的射击比赛,却被赋予了繁复礼仪教条,经过多种程序,这大射礼才算完成。

这种射礼的场面不仅见于儒家经典的描述,更见于东周时代的一些图案纹饰,从中可以极清楚地找到劝酒、持弓、发射、数靶、奏乐的活动片段,生动具体地再现了当时的饮食文化。

知识点滴

古代的饮食礼仪过于繁复,例如食物,符合礼仪规定的食物并不一定都爱吃,如大羹、玄酒和菖蒲菹之类。另外想吃的食物,却又因不符合礼仪规定而不能一饱口福。不用于祭祀的食物都不能吃,而用于祭祀的食物却未必全都好吃。贾谊《新书》载:周武王做太子时,很喜欢那闻着臭吃着香的鲍鱼,可姜太公就是不让他吃,说是鲍鱼不适于祭祀,所以不能用这类不合礼仪的东西给太子吃。

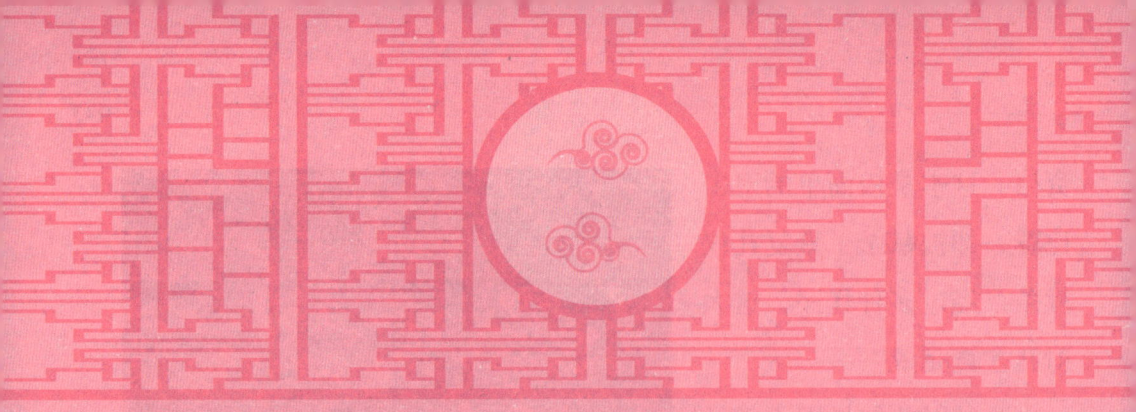

风味多样的春秋战国时期

春秋战国时期，随着周王室权威的衰落，数百年来诸侯互相吞并。各个地区的风俗习惯互相融合，在饮食文化上逐渐形成了南北两大风味。

在北方，齐鲁大地是我国古代文化的发祥地之一，其饮食文化历史悠久，烹饪技术比较发达，形成了我国最早的地方风味菜，这就是鲁菜。

在南方，楚国称雄一时。西拥云贵，南临太湖，长江横贯中部，水网纵流南北，气候寒暖适宜，土壤肥沃，被誉为"鱼米之乡"。"春有刀鲚夏有鲥，秋有肥鸭冬有蔬"，一年四季，水产畜禽菜蔬联蹁上

市，为烹饪技术发展提供了优越的物质条件，逐渐形成了苏菜的雏形。

在西边，秦国占领了古代的巴国、蜀国，接着派李冰将水患之乡改造成"天府之国"，加之有大批汉中移民的到来，结合当地的气候、风俗以及古代巴国、蜀国的传统饮食，产生了影响巨大的川菜的雏形。

广东的饮食文化，就是将中原地区先进的烹饪技艺和器具引入岭南，结合当地的饮食资源，使"飞、潜、动、植"皆为佳肴。形成兼收并蓄的饮食风尚，产生了粤菜。

商周时期的粮食作物仍是春秋战国时期的主食，但是比重有所变化，如商周时期文献中经常提到黍稷，到春秋战国时期则更多的是"粟菽"并重。

菽就是大豆，在粮食中的地位也比过去提高，这其中的原因之一就是石磨的发明，改变了大豆的食用方式。过去是直接将大豆煮成豆饭吃，而大豆又是很难煮烂的，食用很不方便。有了石磨，就可将大豆磨成粉和豆浆，食用起来就很方便。

同时，大豆又是一种耐瘠保收的作物，青黄不接之时可以救急充饥。此外，大豆的根部有丰富的根瘤菌，可以肥田，有利于下茬作物的生长，所以大豆的种植日益广泛。

过去食用麦子也是采用粒食方法，直接煮成麦饭食用，不易消化。用石磨将麦子磨成面粉，粒食改为面食，可以蒸煮成各种各样的面食，既可口又易于消化，极受人们的欢迎。

小麦是一种越冬作物，可以和粟等粮食作物轮作，提高复种指数来增加单位面积产量，也是解决青黄不接之时的重要口粮，于是在春秋时就得到官府的重视，大力推广种植。

作为南方主粮的水稻，虽然早在商周时期的黄河流域已有种植，但面积不大，在粮食作物中的比重很小，一直到春秋时期还是珍贵的食物，孔子《论语·阳货》说："食乎稻，衣乎锦，于汝安乎？"可见只有上层贵族才能食用稻米。

由于春秋战国时期的畜牧业和园圃业以及水产养殖与捕捞业都很发达，所以这一时期的副食品也非常丰富多样。战国法家思想的集大成者韩非在《韩非子·难二》中说，当时，农民们"务于畜养之理，察于土地之宜，六畜遂，五谷殖，则入多"。

当时的"六畜"是指马牛羊鸡犬猪，牛马主要作为农耕和交通的动力，肉食主要靠猪羊鸡狗等小牲畜。所以东周战国时期伟大的思想家、教育家、政治家和儒家的主要代表之一孟子在《孟子·梁惠王上》说："鸡豚狗彘之畜，无失其时，七十可以食肉也。"

鱼、鳖是人们喜爱的副食品之一，如孟子的名句"鱼者吾所欲也，熊掌，亦吾所欲也。二者不可兼得，舍鱼而取熊掌者也。"与熊掌相比，鱼是日常易得之食品。孟子又说："数罟不入洿池，鱼鳖不可胜食也。""不可胜食"，可见食鱼的数量很多。

相对而言，鳖的饲养和捕捞较为繁琐，故鳖类比鱼类更为珍贵些。春秋末年左丘明所著《左传·宣公四年》记载，楚国送大鳖给郑灵公，宋子公在灵公处看到后对人说："他日我如此，必尝异味。"

鳖被称为"异味",自然是难得的珍味,又是作为赠送王侯之礼品,可见其珍贵。

春秋战国时期的饮料,除了开水以外,主要是浆(即以豆类、米类或果类调制的饮料)、乳、酒、茶。《论语·雍也》:"一箪食,一瓢饮,在陋巷。"即普通穷人的日常生活也需要饮料。春秋战国时期的主要饮料之一就是浆,《史记·货殖列传》说:"浆千甔……此亦比千乘之家。"有人是靠卖浆而发家致富,可见社会需要量很大,才有人进行专业性经营。

《周礼·天官·酒正》郑玄注:"浆,今之哉浆也。"并且,贾公彦疏:"米汁相载,汉时名'哉浆'。"可见是用米汁制成带酸性的饮料。

另外,《礼记·内则》郑玄在注释"醷"时说:"梅浆也。"可见是一种添加酸梅汁之类的酸性饮料。

大诗人屈原《楚辞·九歌》中还有"尊桂酒兮椒浆","援北斗兮酌桂浆也",则是掺有花椒之类原料的带辣味的浆和添加桂花带有香味的饮料。

到了春秋战国时期,随着饮食文化的发展和烹饪水平的提高,人们对食物的作用有了更为全面的认识,认识到一些美味佳肴,有时吃了以后并没有好的作用,于是有"肥肉厚酒,勿以自强,命曰烂肠之食"的说法。

春秋时齐国有位神医秦越人,即扁鹊,相传中医诊脉之术是他的首创。扁鹊是一位较早阐明药食关系的人,他认为人生存的根本在于饮食,治病见效快靠的是药。不知饮食之宜的人,不容易保持自己的身体健康,不明药物之忌的人,则无法治好疾病。

成书于战国时代的《黄帝内经·素问》,系统地阐述了一套食补食疗理论,奠定了中医营养医疗学的基础。如《素问·藏气法时论篇》,将食物区别为五谷、五果、五畜、五菜四大类。五谷为黍、稷、稻、

麦、菽,五果指桃、李、杏、枣、栗,五畜是牛、羊、犬、豕、鸡,五菜即葵、藿、葱、韭、薤。

这4类食物在饮食生活中的作用及应占的比重,《素问》有十分概括的阐述,即"五谷为养,五果为助,五畜为益,五菜为充"。就是指以五谷为主食,以果、畜、菜作为补充。

在春秋战国时期的大变革中,涌现出许多学派,它们的代表人物著书立说,开展争辩,形成百家争鸣的局面。各个学派几乎都有关于饮食的理论,这些理论直接影响到整个社会生活。其中有代表性的学派主要有墨家、道家和儒家,其学术代表人物是墨子、老子和孔子。

墨子生活极其俭朴,提倡"量腹而食,度身而衣"。他的学生,吃的是藜藿之羹,穿的是短褐之衣,与一般平民无异。

墨子为了解决社会上"饥者不得食""寒者不得衣"和"劳者不得息"的"三患"问题,除提倡社会互助外,又提出积极生产和限制消

费的主张，反对人们在物质生活上追求过高的享受，认为只求吃饱穿暖即可。

墨子反对不劳而食，自以夏禹为榜样，自愿吃苦，昼夜不息。而且还造出一条圣王制定的饮食之法，即"足以充虚增气，强股肱，耳目聪明，则止。不极五味之调、芳香之和，不致远国珍怪异物"。也就是说，墨家不求食味之美、烹调之精，饮食生活维持在温饱水平。

老子是道家学源的创始人，他则以为，发达的物质文明没有什么好结果，主张永远保持极低的物质生活水平和文化水平。老子提倡"节寝处，适饮食"的治身养性原则，比起墨家来，更加强调简朴。

孔子的饮食思想同他的政治主张一样著名。他把礼制思想融汇在饮食生活中，其中一些教条法则一直影响着后世。儒家的食教比起道家和墨家的刻苦自制更易为常人接受，尤其易为当政者所用。

典籍中关于孔子饮食生活的实践内容，比起其他学派的代表人物既丰富又具体。《论语》一书是孔子言行的记录，其中包含不少食教内容，尤以《论语·乡党》一篇为代表。

孔子曾说："君子食无求饱，居无求安，敏于事而慎于言。"可以看出，他并没有将美食作为第一追求。他还说："士志于道而耻恶衣恶食者，未足与议也！"对于那些有志于追求真理，但又过于讲究吃喝的人，采取不予理睬的态度。

可是孔子对苦学而不求享受的人，则给予高度赞扬。他的大弟子颜回被他认为是第一贤人，说："颜回要算是最贤的了！一点食物，一点饮料，身居陋巷，别人都忍受不了，可颜回却毫不在意。贤哉，颜回！"孔子自己所追求的也是一种平凡的生活，即"粗饭蔬食，曲肱而枕之，乐在其中"。

孔子的饮食生活确也有讲究之处，只要环境允许，他还是不赞成太随便。饮食注重礼仪礼教，讲究艺术和卫生，是孔子饮食思想的主要内容。他提倡"食不厌精，脍不厌细"，要求饭菜做得越精细越好"割不正，不食"，切割不得法的食物不吃，不吃变质的饭食和腐败的食物，不吃烹饪不得法、颜色不正、气味不正的食物。

孔子关于饮食的说教，大部分是身体力行的，在异常情况下，才有某些违越。如有时赴宴，主人不按礼仪接待他，他也以无礼制非礼。不合礼法，给肉鱼也不吃；若以礼行事，蔬食也当美餐。

如秦国丞相吕不韦《吕氏春秋·遇合》载，孔子听说周文王爱吃菖蒲菹，自己也皱着眉头吃那味道不佳的东西，3年之后才习惯了

那怪味。为了体会周礼的精髓,孔子不惜受3年的苦熬,去吃那并无美味的食物,可谓苦心孤诣。孔子对饮食的要求很简单,就是无论其食物种类还是饮食过程,都要符合"礼制"。

春秋战国时期空前发达的农业生产为各诸侯国争雄称霸提供了坚挺的后援,也为后来秦汉帝国的建立奠定了强大的物质基础,同时也为秦汉时期人们的饮食提供了丰富的食品资源,促进饮食文化向精致化的更高层次发展。

知识点滴

春秋战国时的烹饪仍然是重在菜肴的烹制,主食较为简单些,大体上与先秦时期差不多,是以蒸煮为主,即稀饭用煮,干饭用蒸。稀饭根据浓度和材料不同,分为糜、粥、饘、羹等。将米加水煮烂了就是糜,煮得比糜烂而且浓稠就是粥,比粥更浓稠的是饘,羹是用粮食和肉或者蔬菜加调料煮制的稀饭。《急就篇》还提到一种"甘豆羹",颜师古注:"甘豆羹,以洮米汁和小豆而煮之也。一曰以小豆为羹,不以醯酢,其味纯甘,故云甘豆羹也。"可能是利用带有碱性的淘米水容易将小豆煮烂成粥,但不加调料,是北方农民的一种主食。

菜品

  秦汉时期整个中华民族呈现着一种欣欣向荣的景象，张骞出使西域以后，中外交流有了很大的发展，引进了石榴、芝麻、葡萄、胡桃、西瓜、甜瓜、黄瓜、菠菜、胡萝卜、茴香、芹菜、胡豆、扁豆、苜蓿、莴笋、大葱、大蒜等等，同时还传入一些烹调方法。

  在东汉时期还发明了植物油。进入南北朝以后植物油的品种增加，价格也便宜。

  从秦汉时期开始，铁器饮具也开始广泛使用，特别是进入魏晋时期，有了"五熟斧"的产生，可同时烹饪多种食物。

饮食极为丰富的秦汉时期

秦汉时期是我国古代社会饮食业的一个重要发展时期。当时的粮食作物，除以前所有的作物外，还新增加了荞麦、青稞、高粱、糜子等品种。

东汉时期的历史学家班固编撰的《汉书·食货志》记载董仲舒上书汉武帝说："今关中俗不好种麦，是岁失《春秋》之所重，而损生民之具也。"建议汉武帝令大司农"使关中益种宿麦，令毋后时"。其后，轻车都尉、农学家氾胜之又"督三辅种麦，而关中遂穰"。

东汉安帝时也"诏长吏案行在所，皆令种宿麦蔬食，务尽地力，其贫者给种饷"。于

是，自汉以后小麦与粟就成为黄河流域地区最主要的粮食作物了。

随着大汉帝国的建立，整个南方都归入版图，稻米在全国粮食中的比重也有所加大。同时也促进北方水田的发展，因此西汉末期氾胜之记述北方耕作技术的农书《氾胜之书》就辟有专章介绍水稻的种植技术，指出"三月种粳稻，四月种秫稻"的耕种时令。

东汉光武帝建武年间，张堪引水灌溉"狐奴开稻田八千余顷"。由此亦可想见，北方种植水稻的规模已相当可观。在食品制造方面，汉代的豆腐和豆制品生产，已相当普遍。

传说豆腐是淮南王刘安发明的。西汉初年，汉高祖刘邦的孙子刘安，在16岁的时候承袭父亲的封号为淮南王，仍然建都寿春。刘安为人好道，欲求长生不老之术，因此不惜重金，广泛招请江湖方术之士炼丹修身。

有一天，自称八公的8个人登门求见淮南王，门吏见是8个白发苍苍的老者，轻视他们不会有什么长生不老之术，不去通报。八公见此哈哈大笑,接着变化成8个角髻青丝,面如桃花的少年。门吏一见大惊,急忙禀告淮南王。

刘安一听,顾不上穿鞋,赤脚相迎。这时8位少年又变回老者。这时刘安恭请他们殿内上坐后,刘安拜问他们姓名。原来他们是文五常、武七德、枝百英、寿千龄、叶万椿、鸣九皋、修三田、岑一峰八人。

随后八公一一介绍了自己的本领:画地为河、撮土成山、摆布蛟龙、驱使鬼神、来去无踪、千变万化、呼风唤雨、点石成金等。刘安看罢大喜,立刻拜八公为师,一同在都城北门外的山中炼制长生不老的仙丹。

当时淮南一带盛产优质的大豆,这里的山民自古以来就有用山上珍珠泉水磨出的豆浆作为饮料的习惯,刘安也入乡随俗,每天早晨也总爱喝上一碗。

一天,刘安端着一碗豆浆,在炉旁看炼丹出神,竟忘了手中端着的豆浆碗,手一动,豆浆泼到了炉旁供炼丹的一小块石膏上。不多时,那块石膏不见了,液体的豆浆却变成了一摊白生生、嫩嘟嘟的东西。

八公中的修三田大胆地尝了尝,觉得美味可口。可惜太少了,能不能再造出一些让大家来尝尝呢,刘安就让人把他没喝完的豆浆连锅一起端来,把石膏碾碎搅拌到豆浆里,一时,又结出了一锅白生生、嫩嘟嘟的东西。刘安连呼"离奇、离奇",这就是八

公山豆腐初名。

后来，仙丹炼成，刘安依八公所言，登山大祭，埋金地中，白日升天，有的鸡犬舔食了炼丹炉中剩余的丹药，也都跟着升天而去，流传下来了"一人得道，鸡犬升天"的神话，也留下了恩惠后人的八公山豆腐。

在汉代，人们更加重视小家畜的饲养以解决肉食问题。如《汉书·黄霸传》记载，西汉黄霸为河南颍川太守时，"使邮亭乡官皆畜鸡豚，以赡鳏寡贫穷者。"龚遂为河北渤海太守时，命令农民"家二母彘、五鸡"。东汉僮仲为山东某地县令，"率民养一猪，雌鸡四头，以供祭祀"。

尤其是养猪业普遍得到发展，人们已认识到养猪的好处，西汉桓宽《盐铁论·散不足》载："夫一豕之肉，得中年之收"。

此外，在秦汉时期，鸭、鹅与鸡已成为三大家禽。据古代笔记小说集《西京杂记》记载："高帝既作新丰衢巷……放犬羊鸡鸭于通

途,亦竟识其家。"

此外,秦汉时期的肉食中还有一突出特点,就是盛行吃狗肉。当时还出现了专门以屠宰狗为职业的屠夫,如战国时期的聂政:"家贫,客游以为狗屠,可以旦夕得甘毳以养亲"。荆轲则"爱燕之狗屠及善击筑者高渐离"。

西汉开国将领樊哙在年轻时候就是"以屠狗为事。"这么多人以屠狗为职业,可见当时食狗肉之风的兴盛。

秦汉时期,养鱼业更为发达,西汉史学家司马迁《史记·货殖列传》记载:"水居千石鱼陂……亦可比千乘之家。"张守节"正义"曰:"言陂泽养鱼,一岁收得千石鱼卖也。"可见养鱼规模之大和收入之可观。

不但民间普遍养鱼,连朝廷也在皇宫园池中养鱼,供祭祀之外,还拿到市场上出售,如《西京杂记》记载汉武帝作昆明池,"于上游戏养鱼。鱼给诸陵庙祭祀,馀付长安市卖之。"

至于南方及沿海地区，水产品更为丰富，"楚越之地，饭稻羹鱼，或火耕而水耨，果隋蠃蛤，不待贾而足。""齐山带海……人民多文采布帛鱼盐。"上谷至辽东"有鱼盐枣栗之饶"。

当时的水产品种类很多，西汉黄门令史游作《急就篇》中提到的有鲤、鲋、蟹、鲜、鲐、虾等。鲤鱼是当时食用最普遍的鱼类，因为《急就篇》和汉末刘熙《释名》都将鲤鱼列在首位。因此枚乘《七发》中叙述"天下之至美"时，鱼类中只提到"鲜鲤之鲙"。

与战国时期一样，秦汉也视龟鳖之类为珍味。西汉文学家王褒《僮约》提到的两道待客佳肴便是"脍鱼炰鳖"。桓麟《七说》中则赞美："河鼋之美，齐以兰梅，芬芳甘旨，未咽先滋。"其美味简直让人垂涎三尺了。

汉代开始形成餐后进食水果的习惯，"既食日晏，乃进夫雍州之梨。"同时，还十分讲究水果的食用方式。如魏文帝曹丕《与吴质书》中说："浮甘瓜于清泉，沉朱李于寒冰。"即夏季天气炎热，将水果放在冰凉的清泉水中浸泡使之透凉，吃起来自然清凉爽口。

秦汉时期最盛行的饮料当属酒。许多地方以产酒出名，如广西苍梧的"缥清"，河北中山的"冬酿"，湖南衡阳的"酴醿"，浙江会稽的"稻米清"，湖北光化的"酁白"、宜城的"宜城醪"、野王县的"甘醪酒"，陕西关中的"白薄"等。

在汉代，酒的种类也较先秦为多，除了用粮食为原料的黍酒、稻酒、秫酒、稗米酒之外，还有以水果为原料的果酒，如葡萄酒、甘蔗酒等。

东汉药物学专著《神农本草经》：蒲萄"生山谷……可作酒。"《后汉书·宦者列传》记载东汉孟佗送张让"蒲桃酒一斗"，张让"即拜佗为凉州刺史"。可见葡萄酒在当时是很珍贵的，孟佗才可以用它来买官。

甘蔗酒在当时也称为"金酒"，《西京杂记》卷四引西汉辞赋家枚乘《柳赋》："爵献金浆之醪。"并解释说："梁人做诸蔗酒，名金浆。"以金来形容酒浆，可见也是一种名贵的酒。

此外还有加入香料的酒，如《楚辞》的"尊桂酒兮椒浆"，"桂酒"应是加入桂花的酒，直到后世，桂花酒依然受到人们的欢迎。

汉代已经讲究酒的色、香、味，并以酒的色、香、味作为特色来命名，如旨酒、香酒、甜酒、甘醴、黄酒、白酒、金浆醪、缥酒等。

汉末刘熙《释名·释饮食》中沿用《周礼·天官·酒正》的说法，将汉代酒的颜色概括为5种：缇齐、盎齐、汎齐、沈齐、醴齐。

汉代人特别喜欢淡青色的缥酒，如枚乘《柳赋》中有"罇盈缥玉"的描写，曹植《酒赋》则描写为"素蚁浮萍"。而缥酒中最为著名的是广西苍梧地区所产，故有"苍梧缥清"之称。

《汉书·楚元王传》记载楚元王刘交款待不善饮酒的穆生时，特地为其安排醴酒，可见醴酒的酒精度数较低。

与醴酒类似的是醪酒，都是用粮食为原料，酿造时间较短的酒，西汉文帝曾在诏中指出"为酒醪以靡谷者多。"即酿制醪酒要耗费很多粮食。

醪酒中著名的就是甘醪酒、宜城醪等等，曹植《酒赋》说"其味有宜城醪醴"，说明醪醴是同类的甜酒，后世民间饮食的甜酒糟还称为"醪糟"。

汉代张骞到西域，在中西文化交流史上具有划时代的意义。由于从西域传入的物产大都与饮食有关，这种交流对人们的物质文化生活也同样产生了深远的影响。

当时从西域传进的物产中，有鹊纹芝麻、胡麻、无花果、甜瓜、西瓜、石榴、绿豆、黄瓜、大葱、胡萝卜、胡蒜、番红花、胡荾、胡桃、酒杯藤等，这些农作物很快普及到了我国各地。

还有几种用于调味的香菜香料，也充实了人们的口味。苜蓿或称光风草、连枝草，可供食用，多用为牲畜的优质饲料。胡荾又称芫荽，别名香菜，有异香，调羹最美。胡蒜即大蒜，较之原有小蒜辛味更为浓烈，也是调味佳品。还有从印度传进的胡椒，也都成为我国人民常用的调味品。

汉代时对异国异地的物产有特别的嗜好，极求远方珍食，并不只限于西域，四海九州，无所不求。据古代地理书籍《三辅黄图》所记,汉武帝在破南越之后,在长安建起一座扶荔宫,用来栽植从南方所得的奇草异木,其中包括山姜10本、甘蔗12本,龙眼、荔枝、槟榔、橄榄、千岁子、柑橘各百余本。

汉初的园圃种植业本来已积累了相当的技术,在引进培育外来作物品种的过程中,又有了进一步发展。尤其是温室种植技术的发明,创造了理想的人工物候环境,生产出了许多不受季节气候条件限制的蔬果。

早在秦始皇时,曾在"骊山陵谷中温处"做过"冬种瓜"的试验,成功地利用地热资源,收获到成熟的瓜果。到了西汉时,皇室太官经营的园圃"种冬生葱韭菜菇,覆以屋庑,昼夜燃蕴火,待温气乃生",这已是十分标准的温室栽培了,不仅借用日光,还借助火温。

茶是汉代才新兴起来的饮料,最早的记载可见西汉中期王褒《僮约》中的"烹茶尽具""武都买茶",荼即是茶。武都在四川的彭山一带,王褒在成都却要僮仆到百里之外的地方去买茶,可见茶不是到处都可买得到的东西,而彭山地区是重要的产茶区,这说明彭山在西汉时期市场上已经有茶叶出售,茶叶既然成为商品,则当时必定形成饮茶风气。

东晋常璩《华阳国志·巴志》记载巴郡出产"香茗",《华阳国志·蜀

志》记载什邡县"山出好茶"。也证明四川地区是当时最重要的饮茶区和产茶区。

东汉之后,饮茶之风已传播到长江中下游地区。西晋陈寿《三国志·吴书·韦曜传》记载东吴大臣韦曜不会饮酒,吴帝孙皓"密赐茶以当酒"。既然以茶当酒,则茶已经是日常很普及的饮料了。

在烹饪方面,汉代随着铁制炊具的发明和使用,又出现了红案和白案的分工以及炉灶和砧板的分工,促进和加速了烹饪技术的发展,中国饮食文化在此也形成了一定的体系和特色,成为了一个重要的转折点。

汉代烹饪技术的发展带动了饮食文化的进步,汉代先进的烹饪技术给后人留下了宝贵的财富,这一时代人们结束了单一的煮烤食物的历史,迈向了多种方法烹饪食物的时代,炸、炒、煎等方法也已在有关书籍中有了一定的记载,烹饪器具和盛器也有了改善。汉代结束了陶烹和铜烹的历史。

汉初食物原料和烹饪技艺的发达,使饮食较之前代大为丰富。

《盐铁论·散不足》将汉代和汉以前的饮食生活对比,说过去行乡饮酒礼,老者不过两样好菜,少者连席位都没有,站着吃一酱一肉而已,即使有宾客和结婚的大事,也只是"豆羹白饭,綦脍熟肉"。汉代时民间动不动就大摆酒筵:"壳旅重叠,燔炙满案,鱼鳖脍鲤。"

同时,汉以前非是祭祀乡会而无酒肉,即便诸侯也不杀牛羊,士大夫也不杀犬豕。汉时并无什么庆典,往往也大量杀牲,或聚食高堂,或游食野外。街上满是肉铺饭馆,到处都有酒肆,人们"列金叠,班玉觞,嘉珍御,太牢飧","穷海之错,极陆之毛",追求饮食风气大盛。

南朝刘宋时期的历史学家范晔《后汉书·梁统传》就说:"大丈夫居世,生当封侯,死当庙食。"汉武帝时的主父偃也是抱定"丈夫生不五鼎食,死则五鼎烹"的决心,少时勤学,武帝对他相见恨晚,竟在一年之中连升他四级,如其所愿。

汉成帝时,封国舅王谭为平阿侯,商为成都侯,立为红阳侯,根

为曲阳侯,逢时为高平侯,5人同日而封,世谓之五侯。

据说有一个叫娄护的凭着自己能说善辩,"传食五侯间,各得其欢心"。五侯争相送娄护奇珍异膳,他不知吃哪一样好,想出一个妙法,将所有奇味倒在一起,"合以为鲭",称为五侯鲭。将各种美味烩合一起,这该是最早的杂烩了。五侯鲭不仅成为美食的代名词,有时也成了官俸的代名词。

五侯们宴饮,自然不像平常人吃完喝完了事,照例须乐舞助兴。在许多汉代画像砖和画像石上,以及墓室壁画上,都描绘着一些规模很大的宴饮场景,其中乐舞百戏都是不可缺少的内容。

山东沂水发现的一方画像石,中部刻绘着对饮的主宾,他们高举着酒杯,互相祝酒。面前摆着圆形食案,案中有杯盘和筷子。主人身后还立着掌扇的仆人,在一旁小心侍候。画像石两侧刻绘的便是乐舞百戏场景,使宴会显得隆重而热烈。

另外在四川成都市郊的一方《宴饮观舞》画像砖,模刻人物虽不多，内容却很丰富。画面中心是樽、盂、杯、勺等饮食用具，主人坐于铺地席上，欣赏着丰富多彩的乐舞百戏。画面中的百戏男子都是赤膊上场，与山东所见大异其趣。

汉代的诗赋对于当时的宴饮场面也有恰如其分的描写。如左思的《蜀都赋》，描述成都豪富们的生活时这样写道："终冬始春，吉日良辰。置酒高堂，以御嘉宾。金罍中坐，肴槅四陈。觞以清醥，鲜以紫鳞。羽爵执竞，丝竹乃发。巴姬弹弦，汉女击节。起西音于促柱，歌江上之飉厉。纡长袖而屡舞，翩跹跹以裔裔。"

无论是身居高位既贵且富还是普通人，总觉得美味佳肴具有更大的吸引力。在长沙马王堆一号汉墓中，随葬器物有数千件之多，其中就有许多农畜产品、瓜果、食品等等，大都保存较好。墓中还有记载随葬品名称和数量的竹简312枚，其中一半以上书写的都是食物，主要有肉食馔品、调味品、饮料、主食和副食、果品和粮食等。

汉代肉食类馔品有各种羹、脯、脍、炙。其中羹24鼎，有大羹、白羹、巾羹、逢羹、苦羹5种。

大羹为不调味的淡羹，原料分别为牛、羊、豕、狗、鹿、凫、雉、鸡等。

白羹即用米粉调和的肉羹，或称为"糁"，有牛白羹、鹿肉鲍鱼笋白羹、鹿肉芋白羹、小菽鹿肋白羹、鸡瓠菜白羹、鲫白羹、鲜鳜藕鲍白羹，主料为肉鱼，配有笋、芋、豆、瓠、藕等

素菜。

有脯腊5笥，脯、腊均为干肉，有牛脯、鹿脯、胃脯、羊腊、兔腊。有炙8品，炙为烤肉，原料为牛、犬、豕、鹿、牛肋、牛乘、犬肝、鸡。脍4品，原料为牛、羊、鹿、鱼。

肉食类馔品按烹饪方法的不同，可分为17类，有70余款。集中体现了西汉时南方地区的烹调水平。与此同时，汉代还发明了大量饮食用具，数量最多制作最精的是漆器，有饮酒用的耳杯、卮、勺、壶、钫，食器有鼎、盒、盂、盘、匕等。

在汉代还有一种饮食习惯叫作"胡食"。在我国古代，不仅把地道的外国人称为胡人，有时将西北邻近的少数民族也称为胡人，或曰狄人，又以戎狄作为泛称。于是胡人的饮食便称为胡食，他们的用器都冠以"胡"字，以与汉器相区别。

东汉末年，灵帝刘宏对胡食狄器有特别的嗜好，算得是一个地道的胡食天子。史籍记载说，灵帝好微行，不喜欢前呼后拥，他喜爱胡服、胡帐、胡床、胡坐、胡饭、胡箜篌、胡笛，京师贵戚也都学着他的样子，一时蔚为风气。

灵帝在西园还开设了一些饮食店，让后宫采女充当店老板，灵帝则穿上商人服装，扮作远道来的客商，到了店中，"采女下酒食，因共饮食，以为戏乐"。

灵帝和京师贵胄喜爱的胡食，主要有胡饼、胡饭等，烹

饪方法比较完整地保留在北魏时期我国杰出农学家贾思勰的《齐民要术》等书中。

胡饼，按刘熙《释名》的解释，指的是一种形状很大的饼，或者指面上敷有胡麻的饼，在炉中烤成。唐代白居易有一首写胡饼的诗，其中有两句为"胡麻饼样学京都，面脆油香新出炉"，似乎又是指油煎饼，其制法应是汉代原来所没有的，为北方游牧民族或西域人所发明。

胡饭也是一种饼食，并非米饭之类。将酸瓜菹切成条，再与烤好的肥肉一起卷在饼中，卷紧后切成二寸长一节，吃时佐以醋芹。胡饼和胡饭之所以受到欢迎，主要是味道超过了传统的蒸饼。尤其是未经发酵的蒸饼，无法与胡饼和胡饭媲美。

胡食中的肉食，首推"羌煮貊炙"，皆因其有一套独特的烹饪方法。羌和貊代指古代西北的少数民族，煮和炙指的是具体的烹调技法。

羌煮就是煮鹿头肉，选上好的鹿头煮熟、洗净，将皮肉切成两指大小的块。然后将斫碎的猪肉熬成浓汤，加一把葱白和一些姜、橘皮、花椒、醋、盐、豆豉等调好味，将鹿头肉蘸肉汤吃。

貊炙为烤全羊和全猪之类，食用时各人用刀切割，原本是游牧民族惯常的吃法。在胡食的肉食中，还有一种"胡炮肉"，烹法也极别致。用一岁的嫩肥羊肉，切成薄片，加上豆豉、盐、碎葱白、牛姜、花椒、荜茇、胡椒调味。将羊肚洗净翻过，把切好的肉、油灌进羊肚缝好。在地上掘一个坑，用火烧热后除掉灰与火，将羊肚放入热坑内，再盖上炭火。在上面继续燃火，烤熟之后，香美异常。

胡食不仅指用胡人特有的烹饪方法所制成的美味，有时也指采用原产异域的原料所制成的馔品。尤其是那些具有特别风味的调味品，如胡蒜、胡芹、荜茇、胡麻、胡椒、胡荽等，它们的引进为烹制地道的胡食创造了条件。如还有一种"胡羹"，为羊肉煮的汁，因以葱头、胡荽、安石榴汁调味，故有其名。

用胡人烹调术制成的胡食受到人们的欢迎，而有些直接从域外传进的美味更是如此，葡萄酒便是其中的一种。葡萄酒有许多优点，如存放期很长，可长达10年而不变质。东晋史学家干宝《搜神记》便有"西域有葡萄酒，积年不败，彼俗云：可十年。饮之醉，弥月乃解"的记录。

具有异域风味的胡食不仅刺激了天子和权贵们的胃口，而且形成了饮食文化的空前交流。使我国饮食文化得以博采众长、兼容并蓄，最终形成了庞大的中华饮食文化体系。

知识点滴

从汉代开始，各民族和地区间开始出现了原料、物产和技艺方面的交流，加速了各地区的技术提高，尤其是"丝绸之路"的出现，给汉朝和亚洲各国提供了交流的平台，加大了物产和文化的交流。通过厨师的辛勤劳动和智慧，汉代的烹饪技术成就较大，给后代提供了宝贵的烹饪财富。另外，汉代在食俗、食礼、酒文化上都有了自己的特色。

魏晋时期的美食家与食俗

我国历史悠久的饮食文化，也催生了无数的美食家。古时称为知味者，指的是那些极善于品尝滋味的人。各个时代都有一些著名的知味者，而最有名的几位却大都集中在魏晋南北朝时代。

西汉淮南王刘安所著《淮南子·镛务训》中有这样一则寓言：楚地的一户人家，杀了一只猴子，烹成肉羹后，去叫来一位极爱吃狗肉的邻居共享。这邻居以为是狗肉，吃起来觉得特别香。吃饱了之后，

主人才告知吃的是猴子，这邻居一听，顿时胃中翻涌如涛，两手趴在地上吐了个干净。这是一个不知味的典型人物。

易牙名巫，又称作狄牙，因擅长烹饪而为春秋齐桓公饔人。《吕氏春秋·精谕》说："淄渑之合，易牙尝而知之。"淄、渑都是齐国境内的河水，将两条河的水放在一起，易牙一尝就能分辨出哪是淄水，哪是渑水，确有其高超之处。

魏晋南北朝时代，见于史籍的知味者明显多于前朝后代。西晋大臣、著作家荀勖就是很突出的一位。他连拜中书监、侍中、尚书令，受到晋武帝的宠信。

有一次，荀勖应邀去陪武帝吃饭，他对坐在旁边的人说："这饭是劳薪所炊成。"人们都不相信，武帝马上派人去问了膳夫，膳夫说做饭时烧了一个破车轮子，果然是劳薪。

前秦自称大秦天王的苻坚有一个侄子叫苻朗，字元达，被苻坚称之为千里驹。苻朗降晋后，官拜员外散骑侍郎。他要算是知味者中的佼佼者了，他甚至能说出所吃的肉是长在牲体的哪一个部位。

东晋皇族、会稽王司马道子有一次设盛宴招待苻朗，几乎把江南

的美味都拿出来了。散宴之后,司马道子问道:"关中有什么美味可与江南相比?"

苻朗答道:"这筵席上的菜肴味道不错,只是盐的味道稍生。"后来一问膳夫,果真如此。

后来有人杀鸡做熟了给苻朗吃,苻朗一看,说这鸡是散养而不是笼养的,经过询问,事实正是如此。

传说苻朗有一次吃鹅,指点着说哪一块肉上长的是白毛,哪一块肉上长的是黑毛,人们不信。有人专门宰了一只鹅,将毛色异同部位仔细作了记录,苻朗后来说的竟毫厘不差。人们称赞他果然是一位罕有的美食家,非有长久经验积累不可能达到这样的境界。

能辨出盐的生熟的人,还有魏国侍中刘子扬,他"食饼知盐生",时人称为"精味之至"。东晋著名画家顾恺之,世称其才、画、痴为"三绝"。他吃甘蔗与常人的办法不同,是从不大甜的梢头吃起,渐至根部,越吃越甜,并且说这叫作"渐入佳境",也是深得食味的人。

从两晋时起,我国饮食开始转变风气,这与当时文人之风有关

系，过去的美食均以肥腻为上，从此转而讲究清淡之美，确实又入了另一番佳境。我国美食由肥腻到清淡的转变可以"莼羹鲈脍"为标志。

唐代白居易诗曰"秋风一箸鲈鱼脍，张翰摇头唤不回"，南宋辛弃疾《永遇乐·京口北固亭怀古》"休说鲈鱼堪脍，尽西风，季鹰归未"，吟咏的都是此事。

张翰尽管思乡味是名，避杀身之祸是实，但这莼羹鲈脍也确为吴中美味。据《本草》所说，莼鲈同羹可以下气止呕，后人以此推断张翰在当时意气抑郁，随事呕逆，故有莼鲈之思。

莼又名水葵，为水生草本，叶浮水上，嫩叶可为羹。鲈鱼为长江下游近海之鱼，河流海口常可捕到，肉味鲜美。

莼羹鲈脍作为江南佳肴，并不只受到张翰一人的称道，同是吴郡人的陆机也与张翰有相同的爱好。陆机也曾供职于司马氏集团，有人问他江南什么食物可与北方羊酪媲美，他立即回答"有千里莼羹"。

莼只不过是一种极平常的水生野蔬,之所以受到晋人的如此偏爱,就是因为它的清、淡、鲜、脆,超出所有菜蔬之上。由此确实可以看出晋代所开始的一种饮食上的新追求,它很快形成一种新的观念,受到后世的广泛重视。

陶潜一生,与诗、酒一体。他的脸上很难见到喜怒之色,遇酒便饮,无酒也雅咏不辍。他自己常说,夏日闲暇时,高卧北窗之下,清风徐徐,与羲皇上人不殊。陶潜虽不通音律,却收藏着一张素琴,每当酒友聚会,便取出琴来,抚而和之,人们永远也不会听到他的琴声,因为这琴原本一根弦也没有。用陶潜的话说,叫作"但识琴中趣,何劳弦上声"。

魏晋南北朝时期,我国饮食文化发展的一个重要标志是出现了一批关于饮食的专著,据史书记载,有《崔氏食经》《食经》《食馔次第法》《四时御食经》《马琬食经》《羹臛法》等,与先秦时期只有一篇

《本味》相比,有了明显的进步。

当时烹饪技法的著作当推贾思勰的《齐民要术》。

《齐民要术》所介绍的食谱中,常用的调味料是葱、姜、豉、花椒、蒜、橘皮、醋、酒等,动物性食材主要是猪、牛、羊、鸡、鸭、鹅、鱼,主食有各种面饼、面条等,已与我国后世北方饮食习惯接近,但菜肴烹饪技法仍以炙、蒸、煮为主,未见炒、熘等法。

平日饮食,多是为了口腹之需,而岁时所用,则又多了一层精神享受。历史上逐渐丰富起来的风味食品,往往都与岁时节令紧密相关。饮食与节令之间,本来就有一条紧密联系的纽带。各种食物的收获都有很强的季节性,收获季节一般就是最佳的享用季节,这就是从魏晋南北朝时所谓的"时令食品"。

同时,各种各样的岁时佳肴,几乎都有自己特定的来源,与一定的历史与文化事件相联系,这些中华美食就一代一代传了下来,风靡了中华大地,甚至飘香到异国他乡。

南朝梁人宗懔所撰《荆楚岁时记》,较为完备地记述了南方地区的节令饮食,汉代至南北朝时代的节令饮食风俗几可一览无余。

我国自古即重视年节,最重为春节。春节古称元旦,又称元日,所谓"三元之日",即岁之元、时之元、月之元。西汉时确定正月为岁首,正月初一日为新年,新年前一日是大年

三十,即除夕,这旧年的最后一天,人们要守岁通宵,成了与新年相关的一个十分重要的日子。

《荆楚岁时记》说,在除夕之后,家家户户备办美味肴馔,全家在一起开怀畅饮,迎接新年到来。还要留出一些守岁吃的年饭,待到新年正月十二日,撒到街旁路边,有送旧纳新之意。大年初一要饮椒柏酒、桃汤水和屠苏酒,下五辛菜,每人要吃一个鸡蛋。

饮酒时的顺序与平日不同,要从年龄小的开始,而平日则是老者长者先饮第一杯。

新年所用的这几种特别饮食,并不是为了品味,主要是为祛病驱邪。古时以椒、柏为仙药,以为吃了令人身轻耐老。魏人成公绥所作《椒华铭》说"肇惟岁首,月正元日。厥味惟珍,蠲除百疾"。

桃木自古被认为五行之精,能镇压邪气,制服百鬼。桃汤当指用桃木煮的水,用于驱鬼。晋人周处的《风土记》说:"元日造五辛盘,正元日五熏炼形。"五辛指韭、薤、蒜、芸苔、胡荽5种辛辣调味品,可以顺通五脏之气。

到了正月七日,即是人日,须以7种菜为羹,照样无荤食。北方人

此日要吃饼,而且必须是在庭院中煎的饼。

正月十五日,熬好豆粥,滴上脂膏,用以祭祀门户。先用杨枝插在门楣上,随枝条摆动所指方向,用酒肉和插有筷子的豆粥祭祀,这是为了祈福全家。

从正月初一到三十,青年人时常带着酒食郊游,一起泛舟水上,临水宴饮为乐。男男女女都要象征性地洗洗自己的衣裳,还要洒酒岸边,用来解除灾难厄运。

立春后的第五个戊日,为春社之日。这一天乡邻们都带着酒肉聚会在一起,在社树下搭起高棚,祭祀土地神,末了,人们共同分享祭神用的酒肉。本来这些酒肉是人们用于祭神的,祭罢还要说成是神赐予人的,吃了它便能福禄永随了。

寒食一过,就是春光明媚的农历三月初三清明节。这一日人们带上酒具,到江渚池沼间作曲水流杯之饮。在上流放入酒杯,任其顺流而下,浮至人前,即取而饮之。这样做不仅是为了尽兴,古时还以为流杯宴饮可除去不祥。这一日还要吃掺和鼠麹草的蜜饼团，用以预防春季流行病。后来，人们将清明节和寒食节合二为一了。

农历五月初五，端午节，是很重要的节日。传说这一日是楚国诗人屈原投江的丧日，重要的食品是粽子。粽子古时按其形状称为"角黍"，用箬叶等包上黏米煮成。或以新竹截筒盛米为粽，并以五彩丝系上楝叶，投进江中，以祭奠屈原。

六月炎夏，兴食汤饼。汤饼指的是热汤面，意在以热攻毒，取大汗除暑气，亦为祛恶。

农历九月初九为重阳节，正值秋高气爽，人们争相出外郊游，野炊宴饮。富人或宴于台榭，平民则登高饮酒。这一日的食品和饮料少不了饼饵和菊花酒，传能令人长寿。

农历十月初一，要吃黍子羹，北方人则吃麻羹豆饮，为的是"始熟尝新"。尝新即尝鲜，早已成俗，泛指享用应时的农产品。

到了十一月，采摘芜菁、冬葵等杂菜晾干，腌为咸菜酸菜。腌得好的，呈金钗之色，十分好看。南方人还用糯米粉、胡麻汁调入菜中

泡制,用石块榨成,这样的咸菜既甜且脆,汁也酸美无比,常常作醒酒的良方。

农历十二月初八,称为腊日。这个节日除了举行驱鬼的仪式,还要以酒肉祭灶神,送灶王爷上天。祭灶由老妇人主持,以瓶作酒杯,用盆盛馔品。又说佛祖释迦牟尼是这一天成佛的,佛教徒此日要煮粥敬佛,这就是"腊八粥"。后来祭灶活动改在了农历十二月二十四日。

还有一个重要的节日就"中秋节",中秋是一个食月饼庆团圆的突出家庭色彩的节日,据说是从先秦的拜月活动发展而来,魏晋时便已有中秋赏月的习俗,并成为后世普遍的风尚。

知识点滴

中华民族古老的节日及其饮食,作为民族传统几乎都流传了下来。尽管不少节日的形成都经历了长久的岁月,在南北朝时这些节日形成了比较完善的体系,而且本来一些带有强烈地方色彩的节日也被其他地区所接受,南北的界限渐渐消失。如本出北方的寒食和南方的端午,风俗被及南北,成为全国性的节日。后来一些节日饮食虽有所变化,但整体格局却并没有多大改变。节令食风,是华夏民族一份十分丰厚的文化遗产,这个传统一定还会弘扬光大。

注重养生

唐代初期，麦作为主粮是一种比较奢侈的食物。此时，菜肴开始分高、中、低三个档次。这个时期，中国饮食文化出现新的发展势头。

宋代开始，中国城市化加强，出现了大的商业市镇。随着各民族饮食文化的精华在城市互相的交流，城市地区的饮食业不断向高层次发展。

明清时期，许多文人乐于烹饪，此时又混入满蒙的特点，饮食结构有了更大的发展。这时候，宫廷贵族为了显示尊贵无比的地位，在饮食上更是标新立异。

兼收并蓄的唐代饮食风俗

我国南北朝分裂的局面,直到隋唐时得到大统一,历史又进入到一个最辉煌的发展时期。政局比较稳定,经济空前繁荣,人民安居乐业,饮食文化也随之发展到新的高度。

盛世为人们带来了无穷欢乐,唐代伟大诗人李白在诗《行路难》中所说的"金樽清酒斗十千,玉盘珍馐直万钱",正是当时人们生活的写照。

从魏晋时代开始,官吏升迁,要办高水平的喜庆家宴,接待前来庆贺的客人。到唐代时，继承了这个传统，大臣初拜官或者士子登第，也要设宴请客，还要向天子献食。唐代对这种宴席还有个奇妙的称谓，叫作"烧尾宴"，或直曰"烧尾"。这比起前代的同类宴会来，显得更为热烈。

烧尾宴的得名，其说不一。有人说，这是出自鱼跃龙门的典故。传说黄河鲤鱼跳龙门，跳过去的鱼即有云雨随之，天火自后烧其尾，从而转化为龙。功成名就则如鲤鱼烧尾，所以摆出烧尾宴庆贺。

不过，据唐人封演所著《封氏闻见录》里专论"烧尾"一节看来，其意别有所云。封演说道：

> 士子初登、荣进及迁除，朋僚慰贺，必盛置酒馔音乐，以展欢宴，谓之"烧尾"。说者谓虎变为人，惟尾不化，须为焚除，乃得为成人。故以初蒙拜受，如虎得为人，本尾犹在，气体既合，方为焚之，故云"烧尾"。一云：新羊入群，乃为诸羊所触，不相亲附，火烧其尾则定。唐太宗贞观中，太宗尝问朱子奢烧尾事，子奢以烧羊事对之。唐中宗李显时，兵部尚书韦嗣立新入三品，户部侍郎赵彦昭加官进爵，吏部侍郎崔湜复旧官，上命烧尾，令于兴庆池设食。

这样,烧尾就有了烧鱼尾、虎尾、羊尾三说。而热心于烧尾的太宗皇帝,也委实不知这"烧尾"的来由。一般的大臣只当是给皇上送礼谢恩,谁还去管它是烧羊尾、虎尾或是鱼尾呢。

烧尾宴的形式不止一种,除了喜庆家宴,还有皇帝赐的御宴,另外还有专给皇帝献的烧尾食。宋代陶谷所撰《清异录》中说,唐中宗时,韦巨源拜尚书令,照例要上烧尾食,他上奉中宗食物的清单保存在家传的旧书中,这就是著名的《烧尾宴食单》。

《烧尾宴食单》所列名目繁多,《清异录》仅摘录了其中的一些"奇异者",即达58款之多,如果加上平常的,就不下百种。

从这58款馔品的名称,一则可见烧尾食之丰盛,二则可见中唐时烹饪所达到的水平,因为保存如此丰富完整的有关唐代的饮食史料,除此还不多见。

唐人举行比较重大的筵宴,都十分注重节令和环境气氛。有时本来是一些传统的节令活动,往往加进一些新的内容,显得更加清新活泼,盛唐时的"曲江宴",就是极好的例子。

我国古时采用的科举考试的办法选拔官吏是从隋代开始的,唐代进一步完善了这个制度。每年进士科发榜,正值樱桃初熟,庆贺新进士的宴席便有了"樱桃宴"的雅号。

宴会上除了诸多美味之外,还有一种最有特点的时令风味食品就是樱桃。由于樱桃并未完全成熟,味道不佳,所以还得渍以糖酪,食用时赴宴者一人一小盅,极有趣味。

这种樱桃宴并不只限于庆贺新科进士,在都城长安的官府乃至民间,在这气候宜人的暮春时节,也都纷纷设宴,馔品中除了糖酪樱桃外,还有刚刚上市的新竹笋,所以这筵宴又称作"樱笋厨"。这筵宴一般在农历三月初三前后举行,是自古以来上巳节的进一步发展。

皇帝为新进士们举行的樱桃宴,地点一般是在长安东南的曲江池畔。曲江池最早为汉武帝时凿成,唐时又有扩大,周回广达10余里。池周遍植柳树等树木花卉,池面上泛着美丽的彩舟,池西为慈恩寺和杏园,杏园为皇帝经常宴赏群臣的所在;池南建有紫云楼和彩霞亭,都是皇帝和贵妃经常登临的处所。

唐代长安韦氏家族墓壁画中的《野宴图》,描绘了是曲江宴的一幕场景,图中画着9个男子,围坐在一张大方案旁边,案上摆满了肴馔和餐具,人们一边畅饮,一边谈笑,生动地反映了当时的饮食文化。

唐代大诗人杜甫的《丽人行》云:"三月三日天气新,长安水边多丽人。……紫驼之峰出翠

釜，水晶之盘行素鳞。犀箸厌饫久未下，鸾刀缕切空纷纶。黄门飞鞚不动尘，御厨络绎送八珍。"说的是大臣杨国忠与虢国夫人等享用紫驼素鳞等华贵菜肴的场面。

许多饮食习俗的形成以及相应食品的发明，与季节冷暖有极大的关系，如北宋陶谷《清异录》所载的"清风饭"即是。北宋宫中御厨开始造清风饭，只在大暑天才造，供皇帝和后妃作冷食。造法是用水晶饭（即糯米饭）、龙睛粉、龙脑末（即冰片）、牛酪浆调和，放入金提缸，垂下冰池之中，待其冷透才取出食用。

夏有清风饭，冬则有所谓"暖寒会"。五代王仁裕《开元天宝遗事》说有个巨豪王元宝，每到冬天大雪纷飞之际，便吩咐仆夫把本家坊巷口的雪扫干净，他自己则亲立坊巷前，迎揖宾客到家中，准备烫酒烤肉款待，称为暖寒之会。

把饮食寓于娱乐之中，本是先秦及汉代以来的传统，到了唐代，则又完全没有了前朝那些礼仪规范的束缚，进入了一种更加放达的自

由发展阶段。包括一些传统的年节在内，又融进了不少新的游乐内容。

比如宫中过端午节，将粉团和粽子放在金盘中，用纤小可爱的小弓架箭射这粉团粽子，射中者方可得食。因为粉团滑腻而不易射中，所以没有一点本事也是不大容易一饱口福的。不仅宫中是这样，整个都城也都盛行这种游戏。

同时，每逢年节，一些市肆食店，也争相推出许多节日食品，以招徕顾客。

《清异录》记载，唐长安皇宫正门外的大街上，有一个很有名气的饮食店，京人呼为"张手美家"。这个店的老板不仅可以按顾客的要求供应所需的水陆珍味，而且每至节令还专卖一种传统食品，结果京城很多食客被吸引到他的店里。

张手美家经营的节令食品有些继承了前朝已有的传统，如人日即古代节日的六一菜、寒食的冬凌粥，新的食品则有上元的油饭、伏日的绿荷包子、中秋的玩月羹、重阳的米糕、腊日的萱草面等等。

这些食品原本主要由家庭内制作，食店开始经营后，使社会交际活动又多了一条途径，那些主要以家庭为范围的节令活动扩大为一种社会化的活动。

唐代起野宴深入民间,甚至出现了仕女们的"探春宴",即仕女们在立春至谷雨间自做东道主,晨起到郊外,先踏青,再设帐,围绕着"春"字行令品酒、猜谜讲古,作诗联句,日暮方归。

还有一种"裙幄宴",即青年妇女到曲江游园时,以草地为席,周围插上竹竿,将裙子挂成临时幕帐进行饮宴。在唐代人看来,饮食并不只为口腹之欲,并不单求吃饱吃好为原则,他们因此而在吃法上变换出许多花样来,更注重其文化内涵。

著名诗人白居易,曾任杭州苏州刺史,大约在此期间,他举行过一次别开生面的船宴。他的宅院内有一大池塘,水满可泛船。他命人做成100多个油布袋子,装好酒菜,沉入水中,系在船的周围随船而行。开宴后,吃完一种菜,又随意从水中捞上另一种菜,宾客们被弄得莫名其妙,不知菜酒从何而来。

这时的烹饪水平也为适应人们的各种情趣提高了档次,大型冷拼盘开始出现了。《清异录》载:唐代有个庖术精巧的梵正,是个比丘尼,她以鲊、鲈脍、肉脯、盐酱瓜蔬为原料,"黄赤杂色,斗成景物,若坐及20人,则人装一景,合成'辋川图'小样"。这空前绝后的特大型花色拼盘,美得让人只顾观赏,不忍食用。

梵正按王维所作《辋川图》一画中20景做成的风景拼盘,是唐代烹饪史上的创举。

唐代国家统一、交通发达,陆路和海上丝绸之路比较畅通。当时推行比较宽松的政策,国内各民族交往密切,互通有无,中外经济交往频繁,使唐朝经济空前的繁荣,也奠定了中华民族传统饮食生活模式的基础。

唐代也是我国传统饮食方式逐渐发生变化的时期。到了东汉以后,胡床从西域传入中原地区,它作为一种坐具,渐被普遍使用。由于坐胡床必须两脚垂地,这对传统席地跪坐的传统进食方式产生了根本性的改变。

唐太宗时,中亚的康国献来金桃银桃,植育在皇家苑囿。东亚的

泥婆罗国遣使带来菠绫菜、浑提葱，后来也都广为种植。

在长安有流寓国外王侯与贵族近万家，还有在唐王朝供职的诸多外国官员，各国还派有许多留学生到长安来，专门研习中国文化。长安作为全国的宗教中心，亦吸引了许多外国的学问僧和求法僧来传经取宝。

长安城内还汇集有大批外国乐舞人和画师，他们把各国的艺术带到了我国。此外，长安城中还留居着大批西域各国的商人，以大食和波斯商人最多，有时达数千之众。

一时间，长安及洛阳等地，人们的衣食住行都崇尚西域风气。外国文化使者们带来的各国饮食文化，如一股股清流汇进了大中华的汪洋，使华夏悠久的文明溅起了前所未有的波澜。

在长安西市饮食店中，有不少是外商开的酒店，唐人称它们为"酒家胡"。

唐代文学家王绩待诏门下省时，每日饮酒一斗，时称"斗酒学

士",他所作诗中有一首《过酒家》云:"有钱须教饮,无钱可别沽。来时常道贳,惭愧酒家胡。"写的便是闲饮胡人酒家的事。

酒家胡中的侍者,多为外商从国外携来,女子称为胡姬。这样的异国女招待,打扮得花枝招展,不仅侍饮,且以歌舞侑酒,备受文人雅士们的青睐。

李白也是酒家胡的常客,还有好几首诗都写到进饮酒家胡的事。如《少年行》:"五陵年少金市东,银鞍白马度春风。落花踏尽游何处,笑入胡姬酒肆中。"

游春之后,要到酒家胡喝一盅,朋友送别也要到酒家胡饯行。酒家胡经营的品种,当主要为胡酒胡食,也经营仿唐菜。贺朝《赠酒店胡姬》诗云:"胡姬春酒店,管弦夜锵锵。……玉盘初脍鲤,金鼎正烹羊。"其中鲤鱼脍则是正统的中国菜。

唐代的胡酒有高昌葡萄酒、波斯三勒浆和龙膏酒等。据史籍记载,唐太宗时破高昌国,收马乳葡萄种子植于苑中,同时还得到葡萄

酒酿造方法。唐太宗亲自过问试酿葡萄酒，当时酿造成功了8种成色的葡萄酒，"芳辛酷烈，味兼缇盎"，滋味不亚于粮食酒。

唐太宗将在京师酿的葡萄美酒颁赐给群臣。由于酿制方法的普及，京师一般民众不久也都尝到了醇美甘味。

汉魏以来的帝王们虽然早已享用过葡萄酒，但那都是西域献来的贡品，直到唐代国内才开始酿造。

三勒浆也是一种果酒，指用巷摩勒、毗梨勒、诃梨勒3种树的果实所酿的酒，出自波斯国。龙膏酒也是西域贡品，苏鹗《杜阳杂编》说它"黑如纯漆，饮之令人神爽"，是一种高级饮料。

唐代时有一个小邦叫摩偈陀国，在唐太宗时曾遣使来长安。当摩偈陀使者谈到印度砂糖时，太宗皇帝极感兴趣。

我国过去甘蔗虽多却不太会熬蔗糖，只知制糖稀和软糖。为此，太宗专派使者去摩偈陀求取熬糖技法，在扬州试验榨糖，结果所得蔗糖不论色泽与味道都超过了西域。蔗糖的制成，使得我国食品又平添几多甜蜜。

以食当药也是唐代饮食文化的又一大特色。《千金食治》是唐代出现的专门研究食疗的著作。唐初医药学家孙思邈，少时因病而学医，一生不求官名，一心致力医药学研究。他著有《备急千金要方》

和《千金翼方》等,被后人尊为"药王"。孙思邈的这两部著作有专章论述食疗食治,对食疗学的发展产生了深远的影响。

唐代文人嗜酒特甚,有关饮酒的诗文也特别多,极有欣赏价值。中唐初的王绩,是一个酒文学先锋。王绩长期弃官回乡,纵酒自适,他所作诗文多以嗜酒为题材,其中有一篇《醉乡记》,将历来的嗜酒文人称作酒仙,以为榜样。

诗人白居易也十分嗜酒,自称为"醉尹"。他有一篇《酒功赞》,极言饮酒的乐趣,自以为步刘伶《酒德颂》之后。以酒能使人"百虑齐息,万缘皆空",超脱凡尘,无所思,无所求,白居易认为这正是酒的功德所在。

有了"酒仙"的美称以后,酒仙便层出不穷地涌现出来。唐代中期就有"酒八仙"之说,称嗜酒的贺知章、李琎、李适之、崔宗之、苏晋、李白、张旭、焦遂八人为酒仙。大诗人杜甫所作的《饮中八仙歌》,概略述及了八仙的酒事。

唐宫中还有"自来酒"设施,为盛大的华筵增添了不少新的趣味。唐太宗在招待回纥使臣时,在大殿前设高坫,坫上放一大银瓶,

在地上埋上一根管子，从酒库把酒注引到银瓶中。银瓶底下有若干开关，将酒注入杯中。回纥数千人饮足之后，酒还剩一半多。

这样的自来酒不仅在御筵上可以看到，其他皇亲国戚也有纷纷仿效的，杨贵妃的姐姐虢国夫人就在房梁上悬鹿肠于半空，开宴时派专人从屋上注酒于鹿肠中，客人再由肠中接酒于杯中。这个机关还有一个雅名，叫作"洞天圣酒将军"，又被称为"洞天瓶"。

唐代的饮食文化还体现出宗教化、养生化和艺术化。在唐代，儒、道、释三教并行，各种文化相互争鸣，共同发展，极富活力。

李唐政权自称老子李聃之后，极力扶持道教实力，使道教借助皇权，迅速发展，基本上具备了与儒教、佛教并驾齐驱的实力。

唐代宗教文化较为发达，除了儒、道、释三教之外，还有景教、祆教、摩尼教、伊斯兰教等。宗教不仅在饮食上对教徒及教职人员制定了具体要求，而且设立了许多宗教节日，用特有的饮食方式举行庆祝活动，这又使唐代的饮食文化带有了浓厚的宗教色彩。

道教作为世界上唯一以养生为宗旨的宗教，它的勃兴，极大地推动了养生文化的发展。唐代的养生风潮，在饮食文化上的表现有三：其一，药膳和药酒大量出现；其二，用

水果养生美容成为时尚；其三，饮茶的普及。

我国素来注重饮食烹调，即使在秦汉时期，基本上达到了"食不厌精，脍不厌细"的要求，但在食材和烹饪技巧方面有一定的时代局限性。

到了唐代，已经将饮食文化发展到了极致。唐代的菜肴制作更加注重艺术造型和色、香、味、形、器的统一："御厨进馔，凡器用有少府监进者，用九钉食，以牙盘九枚装食味于其间，置上前，亦谓之看食。"

在唐代，丰富的饮食文化，促成了高、中、低3个档次的菜肴：

高档为宫廷宴用菜，如韦巨源烧尾宴食单所列的58种菜肴，以及唐玄宗时李林甫家所用甘露羹、唐懿宗同昌公主所食"消灵炙"、唐玄宗请安禄山所食野猪、唐玄宗时虢国夫人家厨邓连所制灵沙、武则天时张易之嗜好的"鹅鸭炙"、安禄山向唐玄宗所献鹿尾酱、唐文宗时仇士良家所用的"赤明香"、唐玄宗与杨贵妃在华清宫同食的驼蹄羹、

唐武宗时宰相李德裕所用李公羹等。

中档一般为官吏日常用菜，其中有隋代流传下来的鱼干脍、咄嗟脍、浑羊殁忽、金齑玉脍，以及白沙龙、串脯、生羊脍、飞鸾脍、红虬脯、汤丸、寒具肉、葫芦鸡、黄金鸡、鲵鱼炙、剔缕鸡、羊臂、热洛河、菊香齑、无心炙等。

低档为市民普遍用菜，是一些大众食品，有千金圆、乌雌鸡汤、黄芪羊肉、醋芹、杂糕、百岁羹、鸭脚羹、酉羹、杏酪、羊酪、黄粱饭、青精饭、雕胡饭、庚家粽子、防风粥、神仙粥、麦饭、槐叶冷淘、松花饼、长生面、五福饼、消灾饼、古楼子、赍字五色饼、玉尖面、细供没忽羊羹等。

这些食品的制作很有特色，充分反映了唐代饮食习俗的丰富多彩以及高超的烹饪制作水平。

到了唐代，吃饭和饮茶被严格区分开来。唐以前的饮茶，属于粗放煎饮时代，是或药饮、或解渴式的粗放饮法。到了唐代以后，则为细煎慢啜式的品饮，以至形成了绵延千年的饮茶艺术。如唐代的茶艺，唐人称为"斗茶"或"茗战"，就是比赛茶的烹饪手艺。唐代的茶文化，对我国乃至世界产生了极其广泛的影响。

茶文化的形成还与当时佛教的发展、科举制度、诗风大盛、贡茶的兴起和禁酒有关。

唐代陆羽自成一套茶学、茶艺、茶道思想，其所著《茶经》，是一个划时代的标志。《茶经》非仅述茶，而是把诸家精华及诗人的气质和艺术思想渗透其中，奠定了我国茶文化的理论基础。

陆羽《茶经》的问世，标志着我国茶道文化的正式诞生。伴随着饮茶高潮，带动了茶业和茶文化的空前繁荣，因而史称"茶兴于唐"。唐代中期以后，北方饮茶成风。受寺院僧人和文人饮茶的影响，宫廷对饮茶之道也十分重视。以茶敬客，成为中华民族优良的传统习俗。

唐代经济繁盛，文化活跃，全国各地相互交流密切。饮食文化也获得了大交融，大发展。尽管胡汉民族在饮食原料的使用上都在互相融合，但在制作方法上还是照顾到了本民族的饮食特点。这种吸收与改造极大地影响了唐代及其后世的饮食生活，使之在继承发展的基础上最终形成了包罗众多民族特点的中华饮食文化体系。

> **知识点滴**
>
> 唐代饮食文化的魅力正是唐代社会开放的结果。是畅通的中外文化交流、宗教信仰自由的开明政策、无忧无虑的生活环境所造成的。宽松的文化发展环境带给人类的绝不仅仅是广阔的思维空间，而且包括自信心、想象力和思维灵感，以及海纳百川，兼容并蓄的博大胸怀。这也是唐朝饮食文化无穷魅力的所在。

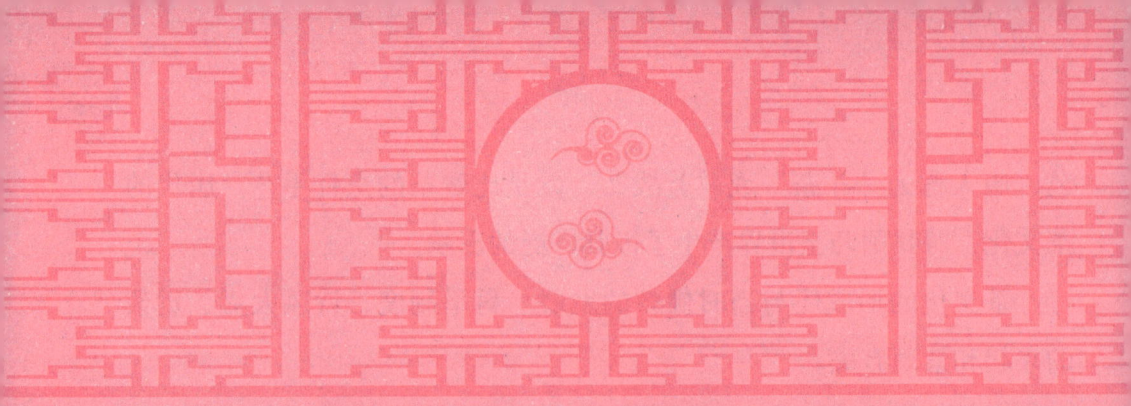

雅俗共赏的宋代饮食文化

　　自五代开始,梁、晋、汉、周,皆定都于汴京,就是今开封,公元960年,宋太祖赵匡胤发动陈桥兵变建立宋王朝,都城依然在开封,或称为东京汴梁。

连续几个朝代的建都,给汴梁带来很大发展。汴梁比起汉唐的长安,民户增加10倍,成为历史上空前的大都会。

在宋代以前,一般都会的商业活动都有规定的范围,这就是集中的商业市场,宋都汴梁则完全打破了这种传统的格局,城内城外店铺林立,并不设特定的贸易商市。在众多的店铺中,酒楼饭馆占很大比重,饮食业的兴旺,成为经济繁荣的一个象征。

汴梁御街上的州桥,是市民和远方商贾必得一游的著名景点,附近一带有十几家酒楼饭馆,如有"张家酒店""王楼山洞梅花包子"等。此外,还有不少沿街叫卖的食摊小贩,十分热闹。

汴梁城内的商业活动不分昼夜,没有时间限制,晚间有直到三更的夜市,热闹之处,则通宵不绝。夜市营业的主要是饮食店,经营品种众多,有饭、肉鱼、野味、蔬果等。

夜市依季节而变化,供应时令饮食品,如夏季多清凉饮料、果品,有甘草冰雪凉水、荔枝膏、越梅、香糖果子、金丝尝梅、生腌水

木瓜等。冬季则有盘兔、滴酥水晶脍、旋炙猪皮肉、野鸭肉等。

　　酒食店还继承了唐代创下的成例，每逢节令，都要推出许多传统风味食品，如清明节有稠饧、麦糕、乳酪、乳饼。农历四月初八佛节初卖煮酒，端午节有香糖、果子和粽子，中秋则卖新酒、螯蟹等。在著名的杨楼、樊楼、八仙楼等酒店，饮客常至千余人，不分昼夜，不论寒暑，总是如此。

　　酒店之外，汴梁的饮食店还有不卖酒的食店、饭店、羹店、馄饨店、饼店等。食店经营品种有头羹、石髓羹、白肉、胡饼、桐皮面、寄炉面饭等。还有所谓"川饭店"，经营插肉面、大燠面、生熟烧饭等。其他有"南食店"，经营南方风味，有鱼兜子、煎鱼饭等。

　　羹店经营的主要是肉丝面之类快餐，客人落座后，店员手持纸笔，遍问各位，来客口味不一，或熟或冷，或温或整，一一记下，报与掌厨者。不大一会儿，店员左手端着三碗，右臂从手至肩也驮叠数碗，顺序送到客人桌前。

宋代杰出画家张择端所绘《清明上河图》，是反映汴梁市民生活和商业活动的宏篇巨制。汴梁人的饮食生活，是《清明上河图》描绘的重点之一，图中表现的店铺数量最多的是饮食店和酒店，可以看到店里有独酌者，也有对饮者，也有忙碌着的店主。充分反映了宋代的饮食风俗。

经济的发展，使宋代食品业有了很大的进步。宋代饮食颇具特色，与前代相比，宋代百姓的饮食结构有了较大的变化，素食成分增多，素食的工艺成分更加明显，式样也更多了。

我国作为传统农业大国，五谷一直在饮食中占有主要地位。宋代尚无玉米、白薯之类作物，北方人的粮食以粟麦为主，南方人的粮食则以稻米为主。

在宋代，饼作为一种主食，是百姓餐桌上不可缺少的一部分。宋代凡是用面粉做成的食品，都可叫饼。烤制而成的叫烧饼，水瀹而成的称为汤饼，在笼中蒸成的馒头叫蒸饼。

宋仁宗名赵祯，为了避皇帝名讳，人们又将蒸饼读成炊饼，亦名笼饼，类似后世馒头。《水浒传》中的武大郎在街头叫卖时所喊的"炊饼"，指的就是馒头。

烧饼又称胡饼，开封的胡饼店出售的烧饼有门油、菊花、宽焦、侧厚、髓饼、满麻等品种，油饼店则出售蒸饼、糖饼、装合、引盘等品种，食店和夜市还出售白肉胡饼、猪胰胡饼和菜饼之类。

馓子又名环饼，宋代文学家苏轼诗称"碧油煎出嫩黄深"，说明是油炸面食。另有"酥蜜裹食，天下无比，入口便化"，也是用米粉或面粉制成。

宋人面食中还有带馅的包子、馄饨之类，如有王楼梅花包子、曹婆婆肉饼、灌浆馒头、薄皮春茧包子、虾肉包子、肉油饼、糖肉馒头、太学馒头等名目。民族英雄岳飞之孙岳珂《馒头》诗说："公子彭生红缕肉，将军铁杖白莲肤。"就是指那种带馅的包子。

宋真宗得子喜甚，"宫中出包子以赐臣下，其中皆金珠也"，这

是以"包子"一词寓吉祥之意。

宋代饼业兴盛,竞争自然也激烈。为了在竞争中取胜,卖饼者想出了各种方法。东京的卖饼者,就在街头使用五花八门的叫卖声,以招徕顾客。

传说,当时一位卖环饼的小贩,为别出心裁,在街头兜售时竟喊出"吃亏的便是我呀"。

后来,这位小贩在皇后居住的瑶华宫前这样叫卖,引起开封府衙役的怀疑,将其抓捕审讯。审后才得知他只是为了推销自己的环饼,便将他打了100棍放了出来。

此后,这位小贩便改口喊"待我放下歇一歇吧"。他的故事成为当时东京的一桩笑料,但生意反而较以前好了。

宋代面食兴旺。北宋的郑文宝,书法与诗文皆在当时负有盛名,他创制的云英面,极受时人欢迎。宋代南北主食的差别相当明显,但由于北宋每年漕运六七百万石稻米至开封等地,故部分北方人,特别

是官吏和军人也以稻米做主食。

宋人的肉食中,北方比较突出的是羊肉。北宋时,皇宫"御厨止用羊肉"。陕西冯翊县出产的羊肉,时称"膏嫩第一"。

大致在宋仁宗、宋英宗时期,宋朝又从"河北榷场买契丹羊数万"。宋神宗时,一年御厨支出为"羊肉四十三万四千四百六十三斤四两,常支羊羔儿一十九口,猪肉四千一百三十一斤。"可见猪肉的比例很小。

宋哲宗时,高太后听政,"御厨进羊乳房及羔儿肉,下旨不得以羊羔为膳",说明羊羔肉尤为珍贵。即使到南宋孝宗时,皇后"中宫内膳,日供一羊"。有人写打油诗说:"平江九百一斤羊,俸薄如何敢买尝。只把鱼虾充两膳,肚皮今作小池塘。"

随着南北经济交往的日益密切,京都开封的肉食结构也逐渐发生变化。大文豪欧阳修诗说,在宋统一中原以前,"于时北州人,饮食陋莫加，鸡豚为异味，贵贱无等差。"自"天下为一家"后，"南产错交广，西珍富邛巴，水载每连轴，陆输动盈车。"

尽管如此，苏轼诗中仍有"十年京国厌肥羜"之句，说明在社会上层中，肉食仍以羊肉为主。

仅次于羊肉的是猪肉。开封城外"民间所宰猪"，往往从南薰门入城，当地"杀猪羊作坊，每人担猪羊及车子上市，动即百数"。临安"城内外，肉铺不知其几""各铺日卖数十边"，以供应饮食店和摊贩。可见这两大城市的猪肉消费量之大。

在宋代农业社会中，牛是重要的生产力。官府屡次下令，禁止宰杀耕牛，宋真宗时，西北"渭州、镇戎军向来收获蕃牛，以备犒设。"皇帝特诏"自今并转送内地，以给农耕，宴犒则用羊豕。"官府的禁令，又使牛肉成为肉中之珍。

鸡、鸭、鹅等家禽，还有兔肉、野味之类，也在宋代的肉食中占

有一定比例。在当时，江河湖海中的水产品是取之不尽、用之不竭的。开封市场饮食店出售的菜肴有新法鹌子羹、虾蕈羹、鹅鸭签、鸡签、炒兔、葱泼兔、煎鹌子、炒蛤蜊、炒蟹、洗手蟹、姜虾、酒蟹等。开封的新郑门、西水门和万胜门，每天"生鱼有数千担入门……谓之车鱼，每斤不上一百文"。

苏轼描写海南岛的饮食时写道，"粤女市无常，所至辄成区，一日三四迁，处处售鱼虾"。南方的水产无疑比北方更加丰富和便宜。

宋代对肉类和水产的各种腌、腊、糟等加工也有相当发展。梅尧臣的《糟淮》诗说："寒潭缩浅濑，空潭多鲌鱼，网登肥且美，糟渍奉庖厨。"临安有不少"下饭鱼肉鲞腊等铺"，如石榴园倪家铺。市上出售的有胡羊、兔、糟猪头、腊肉、鹅、玉板、黄雀、银鱼、鲞鱼等。

大将张俊赋闲后，宋高宗亲至张府，张俊进奉的御筵中专有"脯腊一行"，包括虾腊、肉腊、奶房、酒醋肉等11品。

在广南一带，"以鱼为腊，有十年不坏者。其法以及盐、面杂渍，盛之以瓮。瓮口周为水池，覆之以碗，封之以水，水耗则续，如是故不透风。"成为腌渍鱼的有效方法。

东京名商号东华门何吴二家的鱼，是用外地运来的活鱼加工而成的。由于是切成十数小片为一把出售,故又称"把"。由于它是风干后才入的料,所以味道鲜美,易于保存,成为当时一道名菜,以至时人有"谁人不识把"的说法。

"洗手蟹"也在宋代市民中风靡一时。在东京的市面上,洗手蟹非常受欢迎。将蟹拆开,调以盐梅、椒橙,然后洗手再吃,所以叫洗手蟹。

宋时果品的数量、质量和品种都相当丰富。洛阳的桃有冬桃、蟠桃、胭脂桃等30种,杏有金杏、银杏、水杏等16种,梨有水梨、红梨、雨梨等27种,李有御李、操李、麝香李等27种,樱桃有紫樱桃、腊樱桃等11种,石榴有千叶石榴、粉红石榴等9种,林檎有蜜林檎、花红林檎等6种。

宋时的果品也有各种加工技术。如有荔枝、龙眼、香莲、梨肉、枣圈、林檎旋之类干果,蜜冬瓜鱼儿、雕花金橘、雕花柿子之类"雕花蜜饯",香药木瓜、砌香樱桃、砌香葡萄之类"砌香咸酸",荔枝甘露饼、珑缠桃条、酥胡桃、缠梨肉之类"珑缠果子"。

宋代书法家蔡襄的《荔枝谱》中,介绍荔枝的3种加工技术。一是红盐,"以盐梅卤浸佛桑花为红浆,投荔枝渍之。曝干,色红而甘酸,三四年不虫。""然绝无正味"。二是白晒,用"烈日干之,以核坚为止,

畜之瓮中，密封百日，谓之出汗。"三是蜜煎，"剥生荔枝，榨出其浆，然后蜜煮之。"

茶和酒是宋时最重要的饮料。宋人的制茶分散茶和片茶两种，按宋人的说法："今采茶者得芽，即蒸熟焙干。"焙干后，即成散茶。片茶又称饼茶或团茶。其方法是将蒸熟的茶叶榨去茶汁，然后将茶碾磨成粉末，放入茶模内，压制成形。

"唐末有碾磨，止用臼。"宋时方大量推广碾磨制茶的技术。片茶中品位最高是福建路的建州和南剑州所产，"既蒸而研，编竹为格，置焙室中，最为精洁，他处不能造。有龙、凤、石乳、白乳之类十二等，以充岁贡及邦国之用。"

在江南西路和荆湖南、北路的一些府、州、军，出产的片茶"有仙芝、玉津、先春、绿芽之类二十六等"。散茶出产于淮南、江南、荆湖等路，有龙溪、雨前、雨后等名品。

蔡襄《茶录》说："茶有真香，而入贡者微以龙脑和膏，欲助其香。建安民间试茶皆不入香，恐夺其真。若烹点之际，又杂珍果香草，其夺益甚。"这反映北宋时已出现花茶。

南宋时的花茶更加普遍。南宋赵希鹄说："木樨、茉莉、玫瑰、蔷薇、兰蕙、橘花、栀子、木香、梅花皆可作茶。"

宋人饮茶，仍沿用唐人煎煮的方式，北宋刘挚诗说，"双龙碾圆饼，一枪磨新芽。石鼎沸蟹眼，玉瓯浮乳花。""欢然展北焙，小鼎亲煎烹。"描写了煎煮御茶的情景。

宋代烹点茶技艺的一些主要形式：煎茶、烹茶、煮茶、瀹茶、泼茶、试茶、均茶、点茶、斗茶、分茶等。

由于宋代饮茶风气更盛，于是茶成了人们日常生活不可或缺的东西。吴自牧《梦粱录》说："人家每日不可阙者，柴、米、油、盐、酱、醋、茶。"这说的是南宋临安的情形，也就是后来俗语所说的"开门七件事"。

宋人酒中有趣，茶中也有趣。士大夫们以品茶为乐，比试茶品的高下，称为斗茶。宋人唐庚有一篇《斗茶记》，记几个相知一道品茶，以为乐事。各人带来自家茶，在一起一比高低。大家从容谈笑，"汲泉煮茗，取一时之适。"

不过谁要得到绝好茶品却又不会轻易拿出斗试，苏东坡的《月兔茶》诗即说："月圆还缺缺还圆，此月一缺圆何年。君不见斗茶公子不忍斗小团，上有双衔绶带双飞鸾。"

盛产贡茶的建溪，每年都要举行茶品大赛，也称为斗茶，又称为"茗战"。斗茶既斗色，也斗茶香、茶味。

宋代以后，饮茶一直被士大夫们当作一种高雅的艺术享受。饮茶的环境有诸多讲究，如凉台、静室、明窗、曲江、僧寺、道院、松风、竹月即是。茶人的姿态也各有追求，有的晏坐，有的行吟，有的清谈，有的把卷。

即使在平民之家，茶也成为重要的交际手段。如"东村定昏来送茶"，而田舍女的"翁媪"却"吃茶不肯嫁"。"田客论主，而责其不请吃茶"。农民为了春耕，"裹茶买饼去租牛"。

酒也是宋时消费量很大的饮料，当时的酒可分黄酒、果酒、配制酒和白酒四大类。

黄酒以谷类为原料，"凡酝用粳、糯、粟、黍、麦等及曲法酒式，皆从水土所宜"。由于宋代南方经济的发展，糯米取代黍秫等，成为主要的造酒原料。

宋代果酒包括葡萄酒、蜜酒、黄柑酒、椰子酒、梨酒、荔枝酒、枣酒等，其中以葡萄酒的产量较多，宋代吴炯《五总志》说："葡萄酒自古称奇，本朝平河东，其酿法始入中都。"河东盛产葡萄，也是葡萄酒的主要产区。

白酒是我国独有的一种蒸馏酒。但宋人所谓的"白酒"，并不具有蒸馏酒的性质，当时的称呼是蒸酒、烧酒、酒露等。

宋代张能臣《酒名记》所记录的，都是北宋晚年的名酒。如有宋英宗高后家的香泉、宋神宗向后家的天醇、宋徽宗郑后家的坤仪、宋徽宗钟爱的儿子郓王赵楷府的琼腴、蔡京家的庆会、童贯家的褒功、梁师成和杨戬家的美诚之类，都是达官贵人家酿造的。

另有如开封丰乐楼的眉寿、白矾楼的和旨、忻乐楼的仙醪等，都是大酒楼之类酿造的。

还有各地的名酒，如北京大名府的香桂和法酒，南京应天府的桂香和北库，西京河南府的玉液和醁香，相州的银光和碎玉，定州的中山堂和九酝等。宋孝宗时，"禁中供御酒，名蔷薇露，赐大臣酒，谓之流香酒。"

在宋代的食品市场上，清凉饮料也很受市民的欢迎，主要有甘豆汤、豆儿水、鹿梨浆、卤梅水、姜蜜水、木瓜汁、沉香水、荔枝膏水、苦水、金橘团、雪泡缩皮饮、梅花酒、五苓大顺散、紫苏饮、椰子酒等等。

这些饮料可以说是一种保健饮料，有些还具有药物的成分。

在五更的早市上，煎点汤茶药的叫卖声此起彼伏，蔚为壮观。元代画家赵孟頫的《斗浆图》，画的就是市井贩卖煎点汤茶药的情形。

北宋时一些高居相位的官僚，也能以节俭相尚，十分难得。如撰有《资治通鉴》的史学家司马光，哲宗时擢为宰相，此前他曾辞官在洛阳居住15年，撰写《资治通鉴》，他与文彦博、范纯仁等这些后来都身居相位的同道相约为"真率会"，每日往来，不过脱粟一饭，酒数行。相互唱和，亦以简朴为荣。

司马光居家讲学，也是奉行节俭，不求奢靡，"五日作一暖讲，一杯一饭一面一肉一菜而已。"这就是他所接受的招待。

司马光为山西夏县人，他在归省

祖茔期间，父老们为之献礼，用瓦盆盛粟米饭，瓦罐盛菜羹，他"享之如太牢"，觉得味过猪牛羊。

范纯仁就是"先天下之忧而忧，后天下之乐而乐"的文学家范仲淹的儿子，他的俭朴也是承自父辈的家法。范仲淹官拜参知政事，为副相，贵显之后，"以清苦俭约称于世，子孙皆守其家法"。

范纯仁做了宰相，也不敢违背家法。有一次他留下同僚晁美叔一起吃饭，美叔后来对人说："范丞相可变了家风啦！"别人问他何以见得，他回答说："我同他一起吃饭，那盐豉棋子面上放了两块肉，这不是变家风了吗！"人们听了都大笑起来，范纯仁待客尚如此，自家的生活就可以想见了。

据北宋何薳《春渚纪闻》说，吴兴溪鱼极美，郡城的人聚会时，必斫鱼为脍。斫脍须有极高的技艺，所以操刀者被人名为"脍匠"。斫脍属南食，汴京能斫脍的人极少，人们都以鱼脍为珍味。

文学家梅尧臣为江南宣城人,他家有一老婢,善为斫脍。同僚欧阳修是江西人,极爱食脍,每当想到食脍时,就提着鲜鱼去拜访梅尧臣。

梅尧臣每得可为脍的鲜鱼,必用池水喂养起来,准备随时接待同僚。所以他的文集中还存有这样的句子:"买鲫龟八九属尚鲜活,永叔许相过,留以给膳。"

老百姓在风调雨顺的年景,也会借助一些传统年节来进行较为丰盛的饮食活动,用以满足平日里不易满足的口腹之欲。不仅如此,这些饮食活动由于打上了传统文化的烙印,使其更具大众化和普及性。

宋代民间传统的节日是新年、元宵、清明、端午、中秋、重阳、腊八、除夕等。宋人在这些节日中较重于交际,一般不厮守家中,往往出游郊野,都城之中,更是倾城出动。尤其是清明、端午、重阳,亲友多以食物作为馈赠,以增进情谊。

宋代还新立有一些传统中没有的节日,如农历六月初六,正当炎夏,临安人此日都到西湖边,"纳凉避暑,流连柳影,……或酌酒以狂歌,或围棋或垂钓,游情寓意,不一而足。"甚至还有不少人留宿湖心,至月上始还。

这一日的食物主要有荔枝、杨梅、新藕、甜瓜、紫菱、粉桃、金橘。南宋大诗人杨万里《送林子方》诗"毕竟西湖六月中,风光不与四时同。接天莲叶无穷碧,映日荷花别样红。"写的便是此景。

十二月隆冬,遇到天降瑞雪,富贵人家则要开筵饮宴,做雪灯、雪山、雪狮等,以会亲朋挚友诗人才子,要以腊雪煎茶,吟诗咏曲,更唱迭和。

农历十二月二十五,士庶之家要煮赤豆糖粥祀饮食之神,称为"人口粥",所畜猫狗亦有一份,为的是祈福除瘟疫。这一类饮食活动,表达了人们企求幸福与丰收的愿望。

到了南宋,临安取代汴梁一跃而为全国最大的商业都市后,饮食业仍是其最大的服务行业,有茶坊、酒肆、面店、果子、油酱、食米、下饭鱼肉鲞腊等。汴梁来的厨司和食店老板带来了中原的烹饪传统与技巧,钱塘门外著名的鱼羹铺主人宋五嫂,就是自汴梁流落到此的。

临安各类饮食店都有自己的特色,经营品种亦不同,临安的大酒楼有太和楼、春风楼、丰乐楼、中和楼、春融楼等名号。所供酒类名号也极高雅,如玉练槌、思春堂、皇都春、珍珠泉、万象皆春等,都是全国各地的名品。

临安在我国南方,

稻和粟是主食，主要用于煮饭和熬粥。临安一带的粥品有七宝素粥、五味肉粥、粟米粥、糖豆粥、糖粥、糕粥等。

糯米食品还有栗粽、糍糕、豆团、麻团、汤团、水团、糖糕、蜜糕、栗糕、乳糕等。蓬糕是"采白蓬嫩者，熟煮，细捣，和米粉，加以白糖，蒸熟"而成。水团是"秫粉包糖，香汤浴之"，粉糍是"粉米蒸成，加糖曰饴"。

宋代还有米面，时称米缆或米线，南宋诗人谢枋得有诗描写米线，"翁张化瑶线，弦直又可弯。汤镬海沸腾"，"有味胜汤饼"。粽子"一名角黍"，宋时"市俗置米于新竹筒中，蒸食之，"称"装筒"或"筒粽"，其中或加枣、栗、胡桃等类，用于端午节。

临安食店多为北来的汴人所开办，有羊饭店、南食店、馄饨店、菜面店、素食店、焖饭店，还有专卖虾鱼、粉羹、鱼面的家常食店，为一般市民经常光顾的场所。此外还有茶坊，除主营茶饮外，也兼营其他饮料，有漉梨浆、椰子酒、木瓜汁、绿豆汤、梅花酒等。

不论是汴梁还是临安，酒楼食店的装修都极考究，大门有彩画，门内设彩幕，店中插四时花卉，挂名人字画，用以招徕食客。在高级酒楼内，夏天还增设降温的冰盆，冬天则添置取暖的火箱，使人有宾至如归的感觉。

酒楼还备有乐队，有乐手十余人至数十人，清歌妙曲，为客侑食。有些顾主想在家里宴请宾客，酒店还可登门代办筵席，包括布置宴会场所和租赁全套餐具。官府中比较隆重的筵宴，以及富豪们的吉凶筵席，则由官办的"四司六局"办理。

四司为帐设司、茶酒司、厨司、台盘司，六局为果子局、蜜饯局、菜蔬局、油烛局、香药局、排办局。它们各自都有自己的业务范围，互相配合默契，可以将一次宴会安排得十分得体。

四司六局不仅负责备办官家筵宴，而且对想在名园异馆、寺观亭台、湖舫山野会宾的豪富们，也尽量满足要求，帮办一切宴饮事务，极受欢迎。

据南宋大诗人陆游《老学庵笔记》，南宋筵宴还有一位司事礼仪的人，称作"白席人"。白席人代主人指挥客人如何预宴，负责将客人中贵宾的行为作为其他客人的表率，指引客人进餐。如贵宾动筷子吃了某样菜肴，白席人便高唱一声某人吃了什么，请众客同吃。

以宋末周密《武林旧事》所载临安的情形看，开列的菜肴兼合南北两地的特点，受到人们的广泛喜爱。

知识点滴

宋代饮食风尚虽然以官廷为旗帜，但引领时尚潮流的却是民间的饮食文化。两宋百姓是我国古代历史上正式开始三餐制的。在此之前，按礼仪天子一日四餐，诸侯一日三餐，平民两餐。三餐制直接带动的餐饮业的繁华，也带来了市坊餐饮间的竞争，除了在各种菜品、餐具上的争奇斗艳，一般著名的酒楼会不惜千金请人赋写诗词以增加自家酒楼的名气。而一些不知名的小店也会打出"孙羊肉""李家酒"等特色招牌。

注重文雅养生的明代饮食

元朝医学家、营养学家忽思慧撰成于1330年的《饮膳正要》，是我国古代最早的一部集饮食文化与营养学于一身的著作。可见在明代，我国饮食文化已发展到一个新阶段。

明王朝的开国皇帝朱元璋起自贫寒，对于历代君主纵欲祸国的教训极其重视，称帝以后，"宫室器用，一从朴素，饮食衣服，皆有常供，唯恐过奢，伤财害民。"经常告诫臣下记取张士诚因为"口甘天下至味，犹未餍足"而败亡的事例。认为"奢侈是丧家之源"，"节俭二字非徒治天下者当守，治家者亦宜守之。"

在灾荒之年，朱元璋还与后妃同吃草蔬粝饭，严惩贪污浪费。太常寺厨役限制在400名以内，只及明后期的1/10。

明成祖也相当节俭，他曾经怒斥宦官用米喂鸡说："此辈坐享膏粱，不知生民艰难，而暴殄天物不恤，论其一日养牲之费，当饥民一家之食，朕已禁之矣，尔等职之，自今敢有复尔，必罚不宥。"

皇帝的表率和严格驭下的作风对吏治的清明起了很大的作用。明代也是我国饮食业的积淀与总结时期，饮食在前代的基础上不断地发展创新，这些都是明代饮食业中的新因素。

郑和七次下西洋，除了有一系列政治、经济、文化等作用外，在饮食上也使一些海味如鱼翅、燕窝、海参在明代登上宴席，成为人们喜爱和珍贵的饮食。明代关于鱼翅的记载较多，明代医学家李时珍在《本草纲目》等书里都有记载。

在明代，饮食中更以精制细作为盛事，出现了许多美食家，他们不仅精于品尝和烹饪，也善于总结烹调的理论和技艺。宋元以来，我国的烹饪著作就非常丰富，明代的食书更多，不胜枚举。

在讲究美食、美味的同时，我国传统的养生之道，在明代饮食思想中发展表现为，把饮食保健的意义提高到以"尊生"为目的，在各类饮食著作中受到普遍的重视。

在理论上阐述比较完备的当以明代戏曲作家高濂的《遵生八笺·饮馔服食笺》为首选。高镰从身体的功能构造阐述了饮食和人身体的关系。他认为：

> 饮食活人之本也。是以一身之中，阴阳运行，五行相生，莫不由于饮食，故饮食进则毂气充，毂气充则血气盛，血气盛则筋力强。脾胃者五脏之宗，四脏之气皆察于脾。四

时以胃气为本，由饮食以资气，生气以益精，生精以养气，气足以生神，神足以全身，相须以为用者也。

明代另一位著名的戏曲理论家何良俊也认为："食者，生民之天，活人之本也。故饮食进则谷气充，谷气充则气血盛，气血盛则筋力强。"如果要修生长寿就要在饮食上多加注意。所以说"故修生之士，不可以不美饮食。"

何良俊还提出了自己对美食的认识和看法，并非仅为佳肴美味，而是饮食观念上要注意一些规范和禁忌，如果饮食无所顾忌，就会生病甚至伤及生命。即"所谓美者，非水陆毕备异品珍馐之谓也。要生冷勿食，坚硬勿食，勿强食，勿强饮，先饥而食，食不过饱，先渴而饮，饮不过多……若生冷无节，饥饱失宜，调停无度，动生疾患，非为致疾，亦乃伤生……此之谓食宜，不知食宜，不足以存生。"

明人郝敬的认识则更深刻，他指出了士大夫养生的误区，认为人

们伤生的因素中以饮食最为普遍且未被认识到,指出人们在饮食上过分追求的误区,引导人们对此加以警示:

> 今士大夫伤生者数等有以思虑操心,伤神久者十之一,奔兢劳碌,伤形久者,十之五,失意填志,伤气久者,十之八,淫昏冒色,伤欲久者十之九,滋味口腹,伤食久者十之十矣。饮食男女,于生久为要,而饮食尤急,人知饮食养生,不悟饮食害生也。
>
> 管子云食莫妙于弗饱,故圣人不多食,不以精细求厌足,易卦大过颐颐,养也。大过者,送久之卦。养大过则久。故道家辟谷,禅家以饥为度,以食为药,亦此意也。

在明人议论饮食的话语里,屡次提到"养生""存生""伤生"的字眼。可见明人对个体养生的角度对饮食的追求与重视程度。

古老的"医食同源"的传统在明代的进一步发扬,丰富了食疗的

品种，在我国的饮食文化中形成别具一格的养生菜。所以明代的饮食理论是我国烹饪技艺和理论著述走向高峰的重要阶段。

明代的官宦士大夫之家大都注重饮食，讲求饮食之道，但各人都有自己的独特之处。所谓"三代仕宦，着衣食饭。"如明末文学家张岱就自称他家"家常宴会，但留心烹饪，危厨之精，遂甲江左。"可视为一个典型的例子。

张岱甚至亲历亲为，著书立说，他的祖父张汝霖曾经著有《饕史》4卷，张岱在此基础上修订成为《老饕集》。

在这样的重视之下，仕宦之家的饮食大都精致而美味，博得大家的赞不绝口，让主人引以为荣。当然许多厨艺都是专有技术，秘不外传的。

一些文人的诗文中透露出许多这样的信息，不一而足。如成化年间进士程敏政在《傅嘉面食行》一诗中，对明代官宦之家——傅家的精美面食大加赞赏：

傅家面食天下工,制法来自东山东。
美味甘酥色莹雪,一由入口心神融。
旁人未许窥釜炙,素手每自开蒸笼。
侯鲭上食固多品,此味或恐无专攻。
并洛人家亦精办,敛手未敢来争雄。
……

龙遵叙的《饮食绅言》可以看作是一部饮食规范性的专著,他以戒奢侈、戒多食、慎杀生、戒贪酒为篇章。《戒奢侈篇》从人身体健康和人的修养等方面论述了节俭、节食的好处。

穆云谷在他的《食物纂要》中也强调饮食要"知节",认为知节则自然可以身心俱泰,强调饮食要有节制。

在明代有关饮食的典藉中,以高濂的《序古诸论》为最佳。他精研前代饮食著作,认为"饮食之宜当候已饥而进食,食不厌熟嚼无

候，焦渴而引饮，饮不厌细呷。无待饥甚而食，食勿过饱，勿觉渴甚而饮，饮勿太频。食不厌精细，饮不厌温热。"又说"食饮以时，饥饱得中，冲气扁和，精血以生，荣卫以行，脏腑调平，神志安宁，正气冲实于内，元真会通于外，内外邪莫之能干，一切疾患无从作也。"

高濂强调不要等渴了再饮，饥了再食，吃饭不要过饱，饮水不要太频，饮食定时定量是防御疾病的基本要求，又专撰《饮食当知所损论》做出详细规范。他说："饮食所以养生，而贪嚼无忌，则生我亦能害我。况无补于生而欲贪异味以悦吾口者，往往隐祸不小。"认为饮食不能无所顾忌，任意妄食，否则就会对身体造成危害。

高镰也认为淡味对于人的健康是很有好处的，反之则会有损身体，他说："人于日用养生务尚淡薄，勿令生我者害我，稗五味得为五内贼，是得养生之道矣。"是从编写《饮撰服食笺》的实际操作中体现自己的淡味思想的。"余集首茶水，次粥糜蔬菜，薄叙脯撰，醇醋，面粉，糕饼，果实之类，惟取适用，无事异常。"从编写食物的先后次序不同，作者的立场已经明白地表现了出来。

明代文学家陈继儒《读书镜》中则说："醉酸饱鲜，昏人神志，若蔬食菜羹，则肠胃清虚，无滓无秽，是可以养神也。……凡人多以睡卧为宴息，

饮食为滋补，不知多睡最损神气，禅家以睡为六欲之首，饮食厚味过多则昏人神智，抑遏阳气不得上升，善调摄者，夙兴夜寐，常使清明在躬。淡味少食则肠胃清虚，神气周流，疾病不作，此养生之要也，此可与同志者言之。"这又是从清淡食物可以让人头脑清楚，从食物对人的精神作用的角度论述淡食好处的。

明代袁黄的《摄生三要》确切地告诉人们：淡味的饮食相对于重味的饮食对人身体具有极大的滋补作用。

另外，明代文学家洪应明也说："浓肥辛甘非真味，真味只是淡。神奇卓异非至人，至人只是常。"

此外，万历时的进士祝世禄认为"世味配，至味无味。味无味者，能淡一切味。淡足养德，淡足养身，淡足养交，淡足养民。"

这些饮食理论既反映出对饮食淡味的认可和追求，也体现了一种为人处世淡薄名利的态度，以达到修身养性的效果。

明代的文人时兴结社，有案可查的文人集团几近200个，以诗文唱

酬应和的，读书研理的，讥评时政的，吹谈说唱的，还有专事品尝美味的等等。这些宗旨不一，形态各异的社团，都有成文或不成文的会规社约，在士大夫中有一定的凝聚性。

在这些档次不一的社团中虽然以宴饮为目的的并不多，但所有的社团包括书院、学校都要以会餐作为重要的活动和礼仪。《明史·张简传》记述："当元季，浙中士大夫以文墨相尚，每岁必联诗社，聘一二文章钜公主之，四方名士毕至，宴赏穷日夜，诗胜者辄有厚赠。临川饶介为元淮南行省参政，豪于诗，自号醉樵，尝大集诸名士赋《醉樵歌》。"这种风尚在明代愈演愈烈。

知识点滴

饮食是生命存在的第一需要，被称为人的活命之本。但人类与动物不同的是，饮食不仅为填饱肚子，也是生活享受的基本内容，此种欲望随着经济的发展，水涨船高，日益增强，到明代进入一个新高度。这不单是明代商品经济的繁荣，改善了饮食的条件，以及豪门权贵奢侈淫欲的影响，还表现在启蒙思想中崇尚个性的导引，鼓动人们放纵欲望，追求人生的快乐和享受，并形成一股不可扼制的社会思潮。

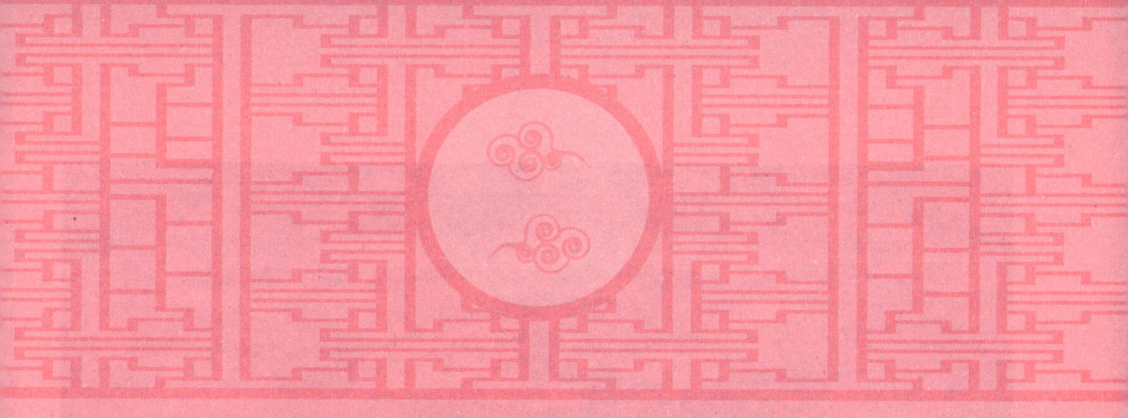

集历代之大成的清代饮食

辽、金、元时期，北方少数民族的饮食习俗传入中原地区，而这种食俗很快就同中原传统食俗相结合，给中华饮食文化注入了新的活力。到了清代，这种食俗表现得最为典型。

满族人在入关前，保持着具有浓厚满族特色的烹饪宴饮方式，盛行"牛头宴""渔猎宴"等。入关后，又不断借鉴吸收汉族饮食精粹及

礼仪方面的特点，逐渐形成了严谨、豪华的宫廷饮食规范。

清宫饮宴种类繁多，皇帝登基有"元会宴"，皇帝大婚有"纳彩宴""合卺宴"，皇帝过生日有"万寿宴"，皇后过生日有"千秋宴"，太后过生日有"圣寿宴"，招待文臣学士有"经筵宴"，招待武臣将军有"凯旋宴"。

另外，每逢元旦、上元、端午、中秋、重阳、冬至、除夕等，清宫都要办宴席，康乾盛世还举行过规模浩大的"千叟宴"。

宫廷宴之时，宴席大殿富丽堂皇，燕乐萦绕，食案之上金盏玉碗，美食纷呈，数不清的龙肝凤髓、四海时鲜令人眼花缭乱，珍馐之丰盛，食器之精美，场面之豪华无与伦比。

道光以后，宫廷宴上还出现了字样拼摆装饰在佳馔之上，如"龙凤呈祥""万寿无疆""三阳开泰""福""禄""寿"等，以示喜庆吉祥之意。

精湛的宫廷烹饪技艺很快传入民间饮食业，各地纷纷效仿其菜谱，酒楼茶肆更是把它作为赚钱的招牌。由此，清代各地开始盛行专味宴席，如全羊席、全凤席、全龙席、全虎席、全鸭席等。

清代著名诗人、散文家袁枚称全羊席为"屠龙之林,家厨难学",一盘一碗,全是羊肉,但味道千变万化,无一雷同,足见烹调技艺之精湛。

在清代康乾盛世还出现了满汉全席。满汉全席是清代最高规格的宴席,是中华饮食文化物质表现的一个高峰,满汉全席集宫廷满席与汉席精华于一席,规模宏大,礼仪隆重,用料华贵,菜点繁多。

传说"满汉全席"是由苏州城一介平民张东官所创,他也由此升为皇宫御厨,成为了一代厨艺宗师。张东官本来做菜技艺一般,但他身藏两样绝活:一样在手上,他会一手耍杂技一般的切菜功夫;一样在嘴上,他有一条能尝出百味配料的舌头,而且巧舌善辩,能背大段菜名。

康熙皇帝擒鳌拜、平三藩后，国家安定，百姓安居，大清王朝进入了太平盛世。康熙深知"得人心者昌"，他决定巡幸江南，访求前朝大贤，消除满汉嫌隙，但遭到朝中满族权贵严亲王等人的反对。

于是，康熙决定以"口腹之欲"作为突破口，去江南寻访美食。张东官就是在这期间凭借自己善辩之舌而被康熙御封为"江南第一名厨"，被选进了皇宫御膳房，从此开始了他创立满汉全席的人生四部曲。

张东官由于不懂规矩又不会做菜，因此在宫廷中险象环生，不得不逃出皇宫，但在逃跑的过程中，他却走上了学习厨艺的历练之路。他博采众家之长，凭借自己的超人天赋，将中华民族各地美食精粹"烩"于一炉，成为一代厨艺宗师。

后来，张东官被重新召回皇宫，并成为"千叟宴"的主厨，在这次著名的大宴上大功告成。当时张东官自编一套一百零八品的宴席食谱，创立了满汉全席。

"千叟宴"之后，张东官辞去御膳房总管之职，在京城开了一家最大的酒楼，"为天下人做菜"。康熙御笔钦赐"满汉楼"招牌。满

汉楼宾客盈门,"满汉全席"流传到民间,逐渐成为天下第一宴。

"满汉全席"还有一个传说,它是清代阮元所创制的。阮元出任山东学政时,娶了山东曲阜孔子的七十二代后人孔璐华为妻。孔小姐下嫁阮元时,随孔小姐陪嫁过来的,还有4名厨师,这些厨师个个身怀绝技,深谙孔府烹饪之奥秘。

阮元后来仕途一帆风顺,做到三朝阁老,九省疆臣。由于历任重臣,俸禄充裕,阮元重用着一大批清客幕宾。加之内有名师主厨,外有雅士品味,此时的阮元在饮馔上也就不断花样翻新。

阮元在两广总督任内,曾以府菜为基础发展出一道席面,虽不及府菜规模,但也远远超出一般市面上的水平。由于这种席面能兼顾满汉人员的习惯,因此人们便称之为"满汉全席"。因此"满汉全席"便始自阮元。

满汉全席以北京、山东、江浙菜为主。席中的珍品,其大部分是黑龙江地区特产,如鱼骨、鳇鱼子、猴头蘑、哈什蟆、鹿尾、鹿筋以及鹿脯等。

后来,闽粤等地的菜肴也依次出现在巨型宴席之上。有南菜54道:30道江浙菜,12道福建菜,12道广东菜。北菜54道:12道满族菜,12道北京菜,30道山东菜。

"满汉全席"菜点数目和种类并无定式,以中国四大菜式之一为菜目主体,点心也不局限于满点,清代创新的品种均可入席,一般规格为名菜百种以上,点心50种左右,果品、小菜20种左右,山珍海味,水陆陈杂,分3次食用,称"三撤席",吃一整天。

据清代戏曲作家李斗《扬州画舫录》记载,满汉全席的部分菜点有:燕窝鸡丝汤、海参烩猪筋、鲍鱼烩珍珠菜、淡菜虾子汤、鱼翅螃蟹羹、蘑菇煨鸡、鱼肚煨火腿、鲨鱼皮鸡汁羹、鲫鱼舌烩熊掌、米糟狸唇猪脑、假豹胎、蒸驼峰、梨片伴蒸果子狸、蒸鹿尾、猪肚假江瑶鸭舌羹、鸡笋粥、猪脑羹、芙蓉蛋、鹅肫掌羹、糟蒸鲥鱼、西施乳、茧儿羹、挂炉走油鸡……

满汉全席集我国名肴名食之大成,代表了清代烹饪技艺的最高水准,是中国古代烹饪文化的一项宝贵遗产。

清代时,又出现了一个膳食撰述高潮。清代文坛中不乏身兼美食家头衔的大才子,最具代表性的,当属剧作家李渔和大诗人袁枚。他们分别著有《闲情偶记》和《随园食单》,都是杰出的饮食著作。

李渔平生酷爱吃蟹,他认为最好的做法是以全蟹放在笼屉里蒸熟,贮以洁白如冰的大盘,而且必须亲自剥着吃,如果让别人代劳,则味同嚼蜡,自己一点一点剥着吃,仔细品尝,其乐无穷。

袁枚本人并不会厨艺,却是一名美食家,而《随园食单》则是他40余年美食实践的产品,以生花妙笔系统地论述了各种烹饪技术和300多种南北菜肴点心,可说是我国古代饮食文化的集大成之作。

《随园食单》理论与实践并重,提出了烹饪的20条"须知",包括先天、作料、洗刷、调剂、配搭、独用、火候、色嗅、迟速、变换、器具、上菜、时节、多寡、洁净、用纤、选用、补救、本分"等,作为烹饪人员的基本要求。

同时,又提出很多戒律,如"混浊""苟且""走油"之类。除了讲述许多菜肴的制作外,也讲了一些食俗的来龙去脉。《随园食单》在我国食文化史上有着极高的地位,反映了我国烹饪的最高成就和精

华，此书被誉为专业水平最高的食谱。

此外，还有王士禛作《食宪鸿秘》，顾仲作《养小录》等。

在清代，我国饮食文化的另一最辉煌成就是"四大菜系"，即苏、粤、川、鲁4种烹饪流派的形成。尽管这一形成过程很早，甚至可追溯到先秦，但一直到清代中期以后才真正定型，由此构成了我国烹饪文化的典型地域特点，反映着地理、气候、物产、文化的差异。

苏菜狭义指以扬州为中心的江苏地方菜系，从广义上说也包括浙江等东南沿海地区的烹饪系统，又称"淮扬菜"。

苏菜有四大特点：

一是讲究清淡，但又淡而不薄，注意保持食料的原汁原味，善用清汤，甜咸适度，反对辛香料使用过多，调味过重以致掩盖了食料本味。

二是善以江湖时令活鲜为原料烹制特色菜肴，如蟹黄狮子头、清蒸鲥鱼、西湖醋鱼、鲜藕肉夹等，均为远近闻名的美味。

三是点心小吃精美,品种极多,尤善以米制成的各类糕团。

四是味兼南北,因而易被南方人和北方人接受。

相传有人吃了西湖醋鱼,诗兴大发,在菜馆墙壁上写了一首诗:

裙屐联翩买醉来,绿阳影里上楼台,
门前多少游湖艇,半自三潭印月回。
何必归寻张翰鲈,鱼美风味说西湖,
亏君有此调和手,识得当年宋嫂无。

粤菜源于广东,特别是珠江三角洲地区,这里既是岭南政治、经济、文化中心,又是具有2000年历史的古老港口。粤菜不仅基于传统的潮汕食俗,而且也吸收了往来广东的外国人引进的异国风味,经过改良创造,逐渐形成了自成一家的粤菜体系。

粤菜有四大特点：

一是收料广博，追求海鲜、野味，一些其他菜系所不用的食材如蛇、龙虱等，均为粤菜之美味。

二是调料与烹饪技法出新，如蚝油、沙茶等地方调料、咖喱等外来调料均常用于菜肴烹制，独到的烹饪技法有焗、堀等。

三是重滑、爽，许多菜肴强调火候宁欠勿过，以免使食料变老烧焦，不喜用芡汁过多。

四是讲营养、重滋补，食疗是粤菜所突出强调的。

此外，粤菜非常重视早餐，粥品、点心也极有特色，尤其是粥品可称为我国之冠，常以老母鸡、猪骨、干贝、腐竹等熬成底粥，称为味粥，然后随时把味粥舀进小锅里，用鱼、虾、蟹、田鸡、肉丸、猪杂、牛肉、鸡肉、鸭肉及姜、葱、胡椒粉等调味料生滚成多种粥品，不仅在炎热季节易于补充人体所需水分，而且极易消化。

粤菜的著名菜肴有：烤乳猪、龙虎斗、东江盐焗鸡、大良炒牛奶等。其中以"龙虎斗"的由来最具历史性：

龙虎斗一菜相传始于清同治年间，当时有个名叫江孔殷的人，有一年，他七十大寿，为了拿出一道新菜给亲友尝鲜，便尝试用蛇和猫制成菜肴，蛇为龙、猫为虎，因二者相遇必斗，故名曰"龙虎斗"。江孔殷又根据亲友们品尝后的意见，在菜中加了鸡，此菜便一举成名。后来改称"豹狸烩三蛇""龙虎凤大烩"，但人们仍习惯称它为"龙虎斗"。此菜在岭南地区广泛流传，成为广东菜馆的主要特色名菜，盛名世界。

川菜的发源地是巴蜀，巴蜀四季常青，物产极丰富。历史上由于蜀道之难，所以偏安一隅，避免了多次中原战乱的直接影响，经济较繁荣，也推动了饮食文化的发展。

川菜继承了先秦巴蜀菜的特点，融汇了秦食的精华，战国后吸取了迁徙入川的诸羌支系带来的河湟风味，汉、氐、羌移民带来的西北风味及西迁百越人带来的岭南风味等，于唐宋时期发展成为了中国颇有影响的大菜系。

川菜的特点是菜式繁多，一菜一格，百菜百味，麻辣醇香。川菜调味以麻辣著称，常用辣椒、花椒，这与气候有关。四川常年空气湿度大，二椒有除湿作用，所以深受巴蜀人钟爱。

川菜的辣味变幻无穷，分香辣、麻辣、酸辣、胡辣、微辣、咸辣等数种，做到了辣而不死，辣而不燥，辣得适口，辣得有层次，辣得有韵味。

川菜烹饪手法繁多，尤善小煎小炒、干烧干煸，著名菜点数不胜数，如樟茶鸭子、麻婆豆腐、宫保鸡丁、棒棒鸡丝、水煮牛肉、毛肚火锅、干烧鱼等。四川小吃也相当著名，如赖汤圆、夫妻肺片、龙抄手、担担面等，地方色彩浓郁。

关于宫保鸡丁的来历，一般认为由清朝四川总督丁宝桢所创，丁宝桢是贵州毕节人。清咸丰年间进士，曾任山东巡抚，后任四川总督。他一向很喜欢吃辣椒与猪肉、鸡肉爆炒的菜肴，据说他在山东任职时，他就命家厨制作"酱爆鸡丁"及类似菜肴，很合胃口。

丁宝桢调任四川总督后，每遇宴客，他都让家厨用花生米、干辣

椒和嫩鸡肉炒制鸡丁，肉嫩味美，很受客人赞赏。后来由于他戍边御敌有功被朝廷封为"太子少保"，人称"丁宫保"，其家厨烹制的炒鸡丁，也被称为"宫保鸡丁"了。

鲁菜的发源地是山东半岛濒临黄、渤海的齐国故都临淄和鲁国故都曲阜。鲁菜继承发扬了齐都饮食传统和孔府菜特色，形成了在北方享有很高声誉的著名菜系。

鲁菜是四大菜系中最富有宫廷韵味的菜系。鲁菜庄重大方，厨艺精深；同时高级大菜颇多，用料考究，善用燕窝、鱼翅、鲍鱼、海参、鹿肉、蘑菇、银耳、哈什蟆等高档食料烹制厚味大菜。

另外，鲁菜在营养方面偏重高热量、高蛋白，如九转肥肠、脆皮烤鸭、脱骨烧鸡、炸蛎黄等，以满足北方寒冷地区人民的饮食需求。

鲁菜烹法精于炒、熘、烩、扒，并喜以汤调味，如用老母鸡、猪蹄等制成的汤料溅锅，或以奶作汤汁等。

九转肥肠是鲁菜的代表菜肴。相传，清光绪年间有一杜姓巨商，

在济南开办"九华楼"酒店。此人特别喜欢"九"字,干什么都要取"九"字,九转本是道家术语,表示经过反复炼烧之意。九华楼所制的"烧大肠"极为讲究,其功夫犹如道家炼丹之术,故取名为"九转大肠"。

鲁菜佳品"尜西施舌"淡爽清新、脆嫩。相传,清末文人王绪曾赴青岛聚福楼开业庆典,宴席将结束时,上了一道用大蛤腹足肌烹制而成的汤肴,色泽洁白细腻,鲜嫩脆爽。王绪询问菜名,店主回答尚无菜名,求王秀才赐名。王绪乘兴写下"西施舌"3个字。从此,此菜得名"西施舌"。

除苏、粤、川、鲁四大菜系外,素菜系和清真菜系在我国也有悠久的历史和广泛的影响,至清代已经发展成熟。

在我国古代,人们当遇到自然灾害或者人为祸患时,就有"斋戒"吃素的习俗,以表示警醒或惩戒自己,并向神灵祈祷。后来佛教的盛行,更促进了素菜系的形成,并倡导了食素风尚。

素菜用料广泛,明代刘若愚记载了宫中所用素菜的产地、品种,有云南的鸡枞,五台山的天花羊肚菜、鸡腿银盘菇,东海的石花、海菜、龙须、海带、鹿角、紫菜,江南的莴笋、糟笋、香菌,辽东的松子,苏北的黄花,都中的山药,南都的薹菜,武当山的莺嘴笋、黄精,北京北山的榛、栗、核桃、木兰芽、蕨菜、蔓青等,应有尽有。

清代傅山在其《芦芽白银盘》诗中曾写道:"芦芽秋雨白银盘,香蕈天花腻齿寒。"盛赞了芦芽山所产的银盘、香蕈、天花三类菌类珍品。

豆腐也是典型的素菜原料,同白菜并列为素菜的两大支柱。寺院的斋菜为素菜的佼佼者,"文思"豆腐、"如意"素鱼、"花开见佛"发糕、"人生本味"酸梅汤等素食名称显示了佛家的幽玄而美妙,耐人寻味。杭州灵隐寺、成都宝光寺、厦门南普陀寺等的寺院菜为佛门全素菜的主流。

民间素菜也很盛行，上海功德林，广州菜根香，泰山斗姆宫等都为后世著名的素食馆，其全素菜和仿荤菜均达到了很高水平。仿荤菜不仅外形可以假乱真，而且风味甚至"能居肉食之上"，妙不可言。历代王公贵族也有崇尚素菜之习，如清宫御膳房就专设"素局"，专做素菜。

清真系是随着伊斯兰教的传入而盛行的。隋代穆罕默德的四大弟子从海路来华，分别在广州、泉州、扬州和杭州传教或建寺。此后，陆续有大量的阿拉伯人从陆路进入我国西北，聚居西安、银川等地，而后逐渐形成了回族。

回族依据伊斯兰教的习俗，并吸取了古代西北、东北等游牧民族的饮食传统及我国信奉伊斯兰教的各民族饮食文化特点，形成了带有浓厚伊斯兰文化特色的清真系。清真系禁食猪、狗、马、驴、骡及无鳞鱼，擅长以牛羊肉做菜。

我国饮食文化历史悠久，经历了几千年的历史发展，已成为中华民族的优秀文化遗产，是世界饮食文化宝库中的一颗璀璨的明珠。我国饮食文化博大精深，博采众长，在清代则达到了高峰。

知识点滴

包括"茶文化""酒文化"和"食文化"在内的中国传统饮食文化在中国传统文化中占有特殊地位。由于饮食是人类生存的最基本需求之一，也由于我国自古以来注重现世的务实精神，使得饮食在我国历来受到特别的重视。在汉代，甚至出现了"民以食为天"的口号，后世广为流传。正是由于饮食在我国的特殊地位，才创造出广博、宏大、精美的饮食文化，我国也被世界人民誉为当之无愧的美食王国。